KB001455

사물인터넷, 빅데이터 등 스마트 시대 대비!

정보처리능력 향상을 위한 –

최고효과

기초 탄탄 계산법

1권 | 자연수의 덧셈과 뺄셈 ①

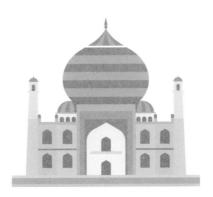

기초부터 탄탄하게 —

G+ 기탄출판

계산력은 수학적 사고력을 기르기 위한 기초 과정이며,
스마트 시대에 정보처리능력을 기르기 위한 필수 요소입니다.

사칙 계산(+, −, ×, ÷)을 나타내는 기호와 여러 가지 수(자연수, 분수, 소수 등) 사이의 관계를 이해하여 빠르고 정확하게 답을 찾아내는 과정을 통해 아이들은 수학적 개념이 발달하기 시작하고 수학에 흥미를 느끼게 됩니다.

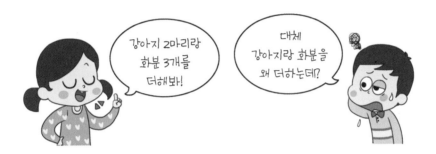

위에서 보여준 것과 같이 단순한 더하기라 할지라도 아무거나 더하는 것이 아니라 더하는 의미가 있는 것은, 동질성을 가진 것끼리, 단위가 같은 것끼리여야 하는 등의 논리적이고 합리적인 상황이 기본이 됩니다.

사칙 계산이 처음엔 자연수끼리의 계산으로 시작하기 때문에 큰 어려움이 없지만 수의 개념이 확장되어 분수, 소수까지 다루게 되면, 더하기를 하기 위해 표현 방법을 모두 분수로, 또는 모두 소수로 바꾸는 등, 자기도 모르게 수학적 사고의 과정을 밟아가며 계산을 하게 됩니다.

이런 단계의 계산들은 하위 단계인 자연수의 사칙 계산이 기초가 되지 않고서는 쉽지 않습니다.

계산력을 기르는 것이 이렇게 중요한데도 계산력을 기르는 방법에는 지름길이 없습니다.

❶ 매일 꾸준히
❷ 표준완성시간 내에
❸ 정확하게 푸는 것

을 연습하는 것만이 정답입니다.

집을 짓거나, 그림을 그리거나, 운동경기를 하거나, 그 밖의 어떤 일을 하더라도 좋은 결과를 위해서는 기초를 닦는 것이 중요합니다.

앞에서도 말했듯이 수학적 사고력에 있어서 가장 기초가 되는 것은 계산력입니다. 또한 계산력은 사물인터넷과 빅데이터가 활용되는 스마트 시대에 가장 필요한, 정보처리능력을 향상시킬 수 있는 기본 요소입니다. 매일 꾸준히, 표준완성시간 내에, 정확하게 푸는 것을 연습하여 기초가 탄탄한 미래의 소중한 주인공들로 성장하기를 바랍니다.

이 책의 특징과 구성

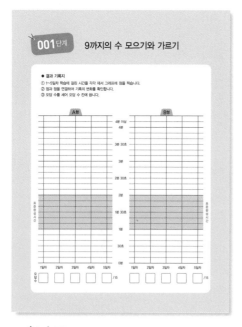

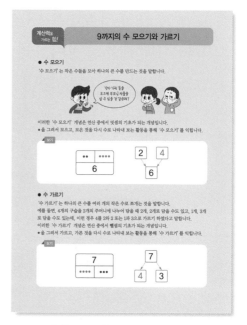

:::: 학습관리 | – 결과 기록지

매일 학습하는 데 걸린 시간을 표시하고 표준완성시간 내에 학습 완료를 하였는지, 틀린 문항 수는 몇 개인지, 또 아이의 기록에 어떤 변화가 있는지 확인할 수 있습니다.

:::: 계산 원리 | 짚어보기 | – 계산력을 기르는 힘

계산력도 원리를 익히고 연습하면 더 정확하고 빠르게 풀 수 있습니다. 제시된 원리를 이해하고 계산 방법을 익히면, 본 교재 학습을 쉽게 할 수 있는 힘이 됩니다.

:::: 본 학습

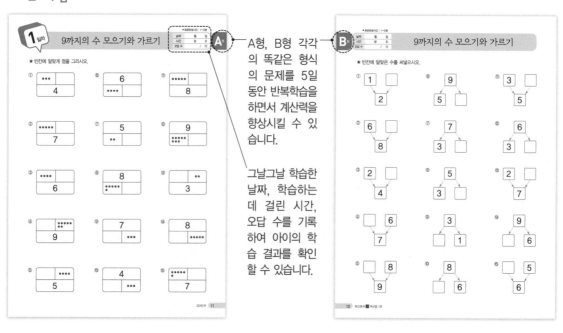

A형, B형 각각의 똑같은 형식의 문제를 5일 동안 반복학습을 하면서 계산력을 향상시킬 수 있습니다.

그날그날 학습한 날짜, 학습하는 데 걸린 시간, 오답 수를 기록하여 아이의 학습 결과를 확인할 수 있습니다.

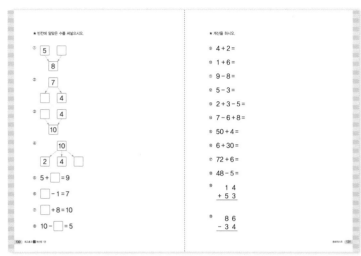

종료테스트

각 권이 끝날 때마다 종료테스트를 통해 학습한 것을 다시 한번 확인할 수 있습니다.
종료테스트의 정답을 확인하고 '학습능력평가표'를 작성합니다. 나온 평가의 결과대로 다음 교재로 바로 넘어갈지, 좀 더 복습이 필요한지 판단하여 계속해서 학습을 진행할 수 있습니다.

정답

단계별 정답 확인 후 지도포인트를 확인합니다. 이번 학습을 통해 어떤 부분의 문제해결력을 길렀는지, 또한 틀린 문제를 점검할 때 어떤 부분에 중점을 두고 확인해야 할지 알 수 있습니다.

최고효과 기초탄탄 계산법 전체 학습 내용

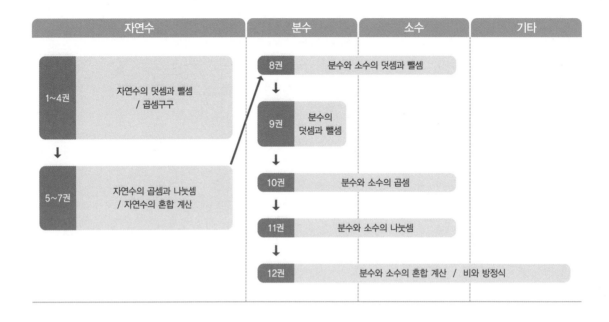

자연수	분수	소수	기타
1~4권 자연수의 덧셈과 뺄셈 / 곱셈구구	8권 분수와 소수의 덧셈과 뺄셈		
	9권 분수의 덧셈과 뺄셈		
5~7권 자연수의 곱셈과 나눗셈 / 자연수의 혼합 계산	10권 분수와 소수의 곱셈		
	11권 분수와 소수의 나눗셈		
	12권 분수와 소수의 혼합 계산 / 비와 방정식		

최고효과 기초탄탄 계산법 권별 학습 내용

1권 : 자연수의 덧셈과 뺄셈 ①

권장 학년 초1

001단계	9까지의 수 모으기와 가르기
002단계	합이 9까지인 덧셈
003단계	차가 9까지인 뺄셈
004단계	덧셈과 뺄셈의 관계 ①
005단계	세 수의 덧셈과 뺄셈 ①
006단계	(몇십)+(몇)
007단계	(몇십 몇)±(몇)
008단계	(몇십)±(몇십), (몇십 몇)±(몇십 몇)
009단계	10의 모으기와 가르기
010단계	10의 덧셈과 뺄셈

2권 : 자연수의 덧셈과 뺄셈 ②

011단계	세 수의 덧셈, 뺄셈
012단계	받아올림이 있는 (몇)+(몇)
013단계	받아내림이 있는 (십 몇)-(몇)
014단계	받아올림·받아내림이 있는 덧셈, 뺄셈 종합
015단계	(두 자리 수)+(한 자리 수)
016단계	(몇십)-(몇)
017단계	(두 자리 수)-(한 자리 수)
018단계	(두 자리 수)±(한 자리 수) ①
019단계	(두 자리 수)±(한 자리 수) ②
020단계	세 수의 덧셈과 뺄셈 ②

3권 : 자연수의 덧셈과 뺄셈 ③ / 곱셈구구

권장 학년 초2

021단계	(두 자리 수)+(두 자리 수) ①
022단계	(두 자리 수)+(두 자리 수) ②
023단계	(두 자리 수)-(두 자리 수)
024단계	(두 자리 수)±(두 자리 수)
025단계	덧셈과 뺄셈의 관계 ②
026단계	같은 수를 여러 번 더하기
027단계	2, 5, 3, 4의 단 곱셈구구
028단계	6, 7, 8, 9의 단 곱셈구구
029단계	곱셈구구 종합 ①
030단계	곱셈구구 종합 ②

4권 : 자연수의 덧셈과 뺄셈 ④

031단계	(세 자리 수)+(세 자리 수) ①
032단계	(세 자리 수)+(세 자리 수) ②
033단계	(세 자리 수)-(세 자리 수) ①
034단계	(세 자리 수)-(세 자리 수) ②
035단계	(세 자리 수)±(세 자리 수)
036단계	세 자리 수의 덧셈, 뺄셈 종합
037단계	세 수의 덧셈과 뺄셈 ③
038단계	(네 자리 수)+(세 자리 수·네 자리 수)
039단계	(네 자리 수)-(세 자리 수·네 자리 수)
040단계	네 자리 수의 덧셈, 뺄셈 종합

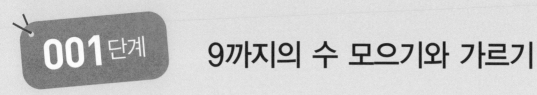

9까지의 수 모으기와 가르기

001 단계

● **결과 기록지**

① 1~5일차 학습에 걸린 시간을 각각 재서 그래프에 점을 찍습니다.

② 점과 점을 연결하여 기록의 변화를 확인합니다.

③ 오답 수를 세어 오답 수 칸에 씁니다.

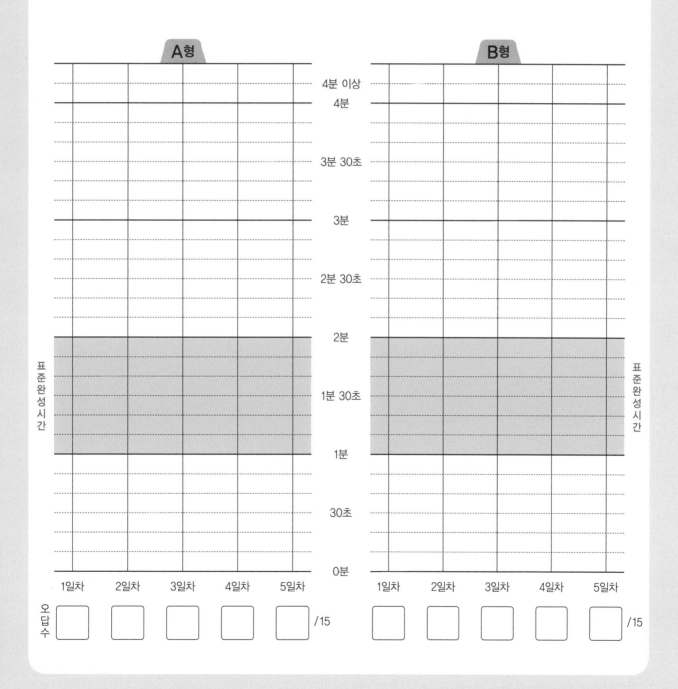

9까지의 수 모으기와 가르기

● 수 모으기

'수 모으기'는 작은 수들을 모아 하나의 큰 수를 만드는 것을 말합니다.

각자 가진 돈을
모으면 부모님 선물을
살 수 있을 것 같은데?

이러한 '수 모으기' 개념은 연산 중에서 덧셈의 기초가 되는 개념입니다.

●을 그려서 모으고, 모은 것을 다시 수로 나타내 보는 활동을 통해 '수 모으기'를 익힙니다.

보기

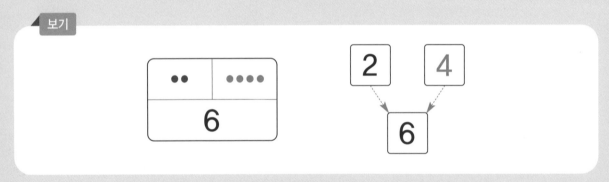

● 수 가르기

'수 가르기'는 하나의 큰 수를 여러 개의 작은 수로 쪼개는 것을 말합니다.

예를 들면, 4개의 구슬을 2개의 주머니에 나누어 담을 때 2개, 2개로 담을 수도 있고, 1개, 3개로 담을 수도 있는데, 이런 경우 4를 2와 2 또는 1과 3으로 가르기 하였다고 말합니다.

이러한 '수 가르기' 개념은 연산 중에서 뺄셈의 기초가 되는 개념입니다.

●을 그려서 가르고, 가른 것을 다시 수로 나타내 보는 활동을 통해 '수 가르기'를 익힙니다.

보기

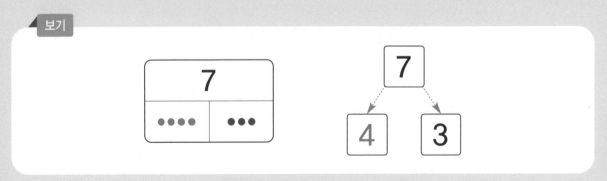

9까지의 수 모으기와 가르기

● 표준완성시간 : 1~2분

날짜	월	일
시간	분	초
오답 수	/	15

A형

★ 빈칸에 알맞게 점을 그리시오.

①

⑥

⑪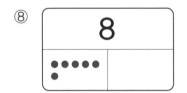

②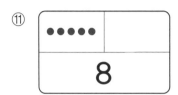

⑦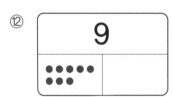

⑫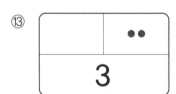

③

⑧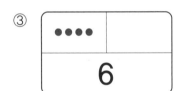

⑬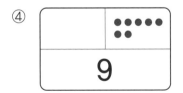

④

⑨

⑭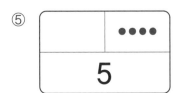

⑤

⑩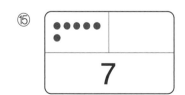

⑮

B형

날짜	월	일
시간	분	초
오답 수	/ 15	

9까지의 수 모으기와 가르기

★ 빈칸에 알맞은 수를 써넣으시오.

①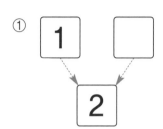

⑥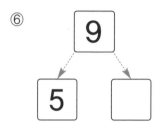

⑪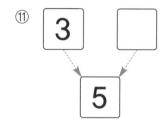

②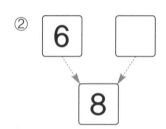

⑦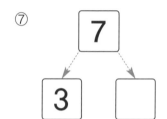

⑫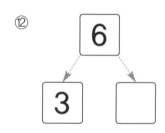

③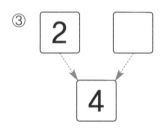

⑧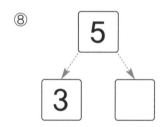

⑬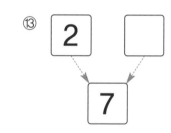

④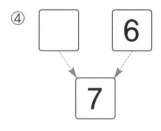

⑨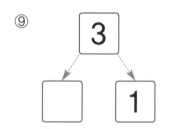

⑭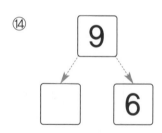

⑤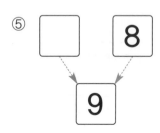

⑩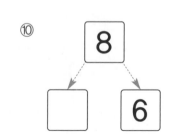

⑮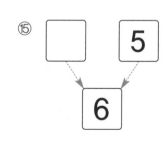

2일차

9까지의 수 모으기와 가르기

● 표준완성시간 : 1~2분

날짜	월	일
시간	분	초
오답 수		/ 15

A형

★ 빈칸에 알맞게 점을 그리시오.

①
```
••••  │
──────┼──────
   6
```

⑥

⑪
```
•••••  │
 ••    │
──────┼──────
   8
```

②
```
•••••  │
──────┼──────
   9
```

⑦
```
   8
──────┼──────
••••   │
```

⑫
```
   5
──────┼──────
••••   │
```

③
```
••    │
──────┼──────
   5
```

⑧
```
   3
──────┼──────
 •    │
```

⑬
```
•••   │
──────┼──────
   9
```

④

⑨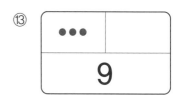

⑭
```
   8
──────┼──────
   │  •••
```

⑤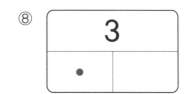

⑩

⑮
```
   │  •
──────┼──────
   5
```

B 형

날짜	월	일
시간	분	초
오답 수		/ 15

9까지의 수 모으기와 가르기

★ 빈칸에 알맞은 수를 써넣으시오.

①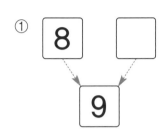

②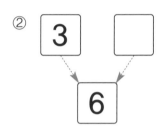

③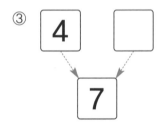

④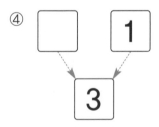

⑤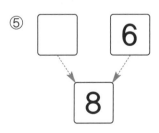

⑥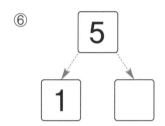

⑦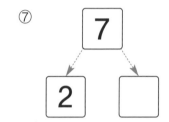

⑧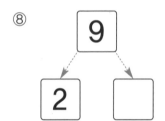

⑨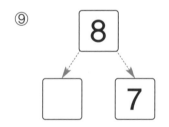

⑩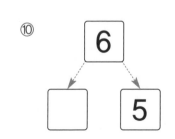

⑪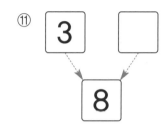

⑫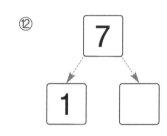

⑬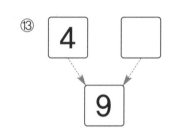

⑭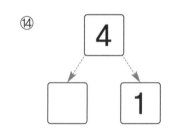

⑮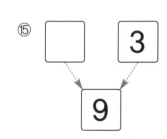

3일차

9까지의 수 모으기와 가르기

● 표준완성시간 : 1~2분

날짜	월	일
시간	분	초
오답 수	/	15

A형

★ 빈칸에 알맞게 점을 그리시오.

①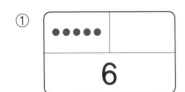

②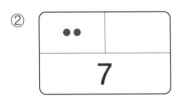

③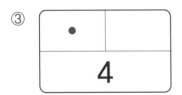

④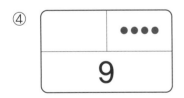

⑤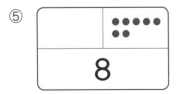

⑥

⑦

⑧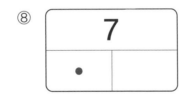

⑨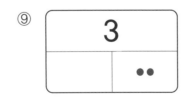

⑩

⑪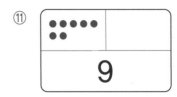

⑫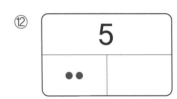

⑬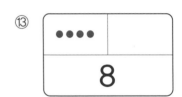

⑭

⑮

9까지의 수 모으기와 가르기

★ 빈칸에 알맞은 수를 써넣으시오.

①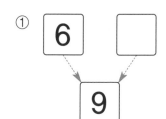

②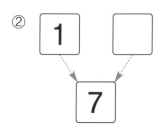

③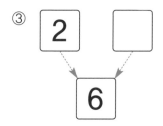

④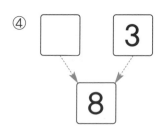

⑤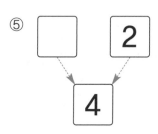

⑥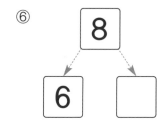

⑦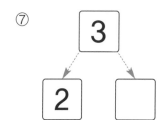

⑧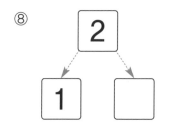

⑨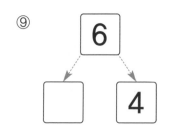

⑩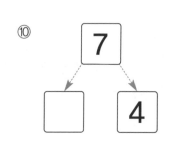

⑪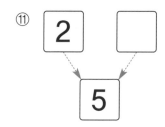

⑫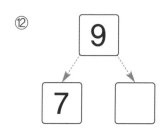

⑬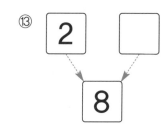

⑭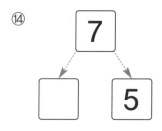

⑮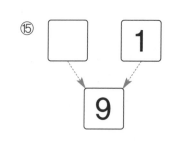

9까지의 수 모으기와 가르기

● 표준완성시간 : 1~2분

날짜	월	일
시간	분	초
오답 수		/ 15

A형

★ 빈칸에 알맞게 점을 그리시오.

①

②

③

④

⑤

⑥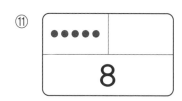

⑦

⑧

⑨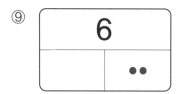

⑩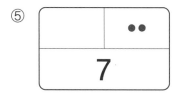

⑪

⑫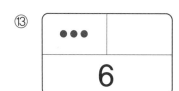

⑬

⑭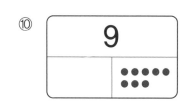

⑮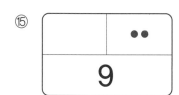

9까지의 수 모으기와 가르기

★ 빈칸에 알맞은 수를 써넣으시오.

①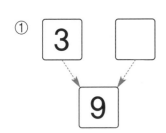

②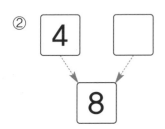

③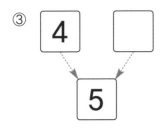

④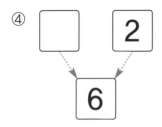

⑤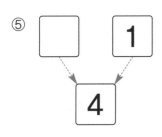

⑥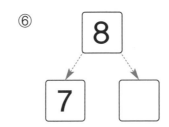

⑦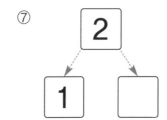

⑧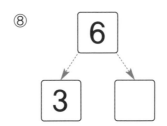

⑨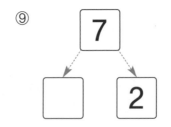

⑩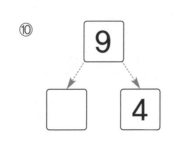

⑪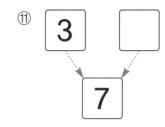

⑫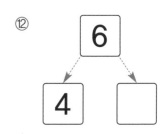

⑬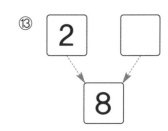

⑭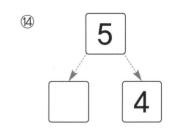

⑮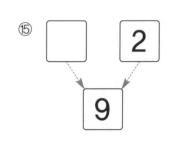

5일차

9까지의 수 모으기와 가르기

● 표준완성시간 : 1~2분

날짜	월	일
시간	분	초
오답 수		/ 15

A형

★ 빈칸에 알맞게 점을 그리시오.

①
•	
3	

②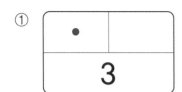

③
•	
5	

④

⑤

⑥
4	
•••	

⑦
6	
••	

⑧
7	
•••	

⑨

⑩
2	
	•

⑪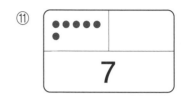

⑫
9	
•••	

⑬
••••• •	
8	

⑭
8	
	•

⑮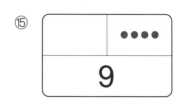

9까지의 수 모으기와 가르기

★ 빈칸에 알맞은 수를 써넣으시오.

①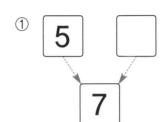

②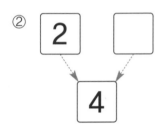

③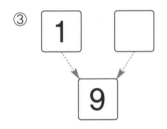

④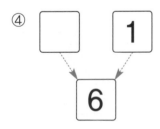

⑤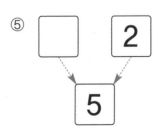

⑥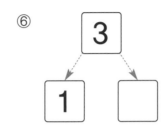

⑦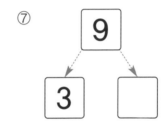

⑧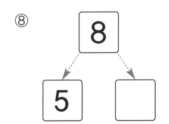

⑨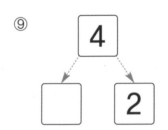

⑩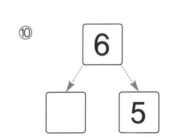

⑪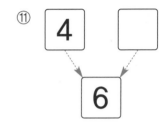

⑫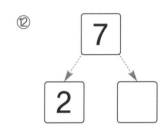

⑬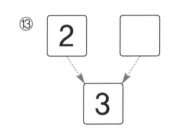

⑭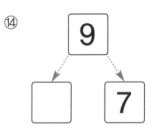

⑮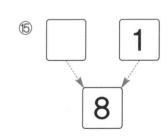

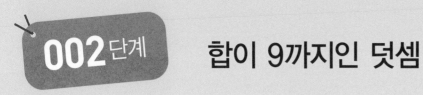

002단계 합이 9까지인 덧셈

● 결과 기록지

① 1~5일차 학습에 걸린 시간을 각각 재서 그래프에 점을 찍습니다.

② 점과 점을 연결하여 기록의 변화를 확인합니다.

③ 오답 수를 세어 오답 수 칸에 씁니다.

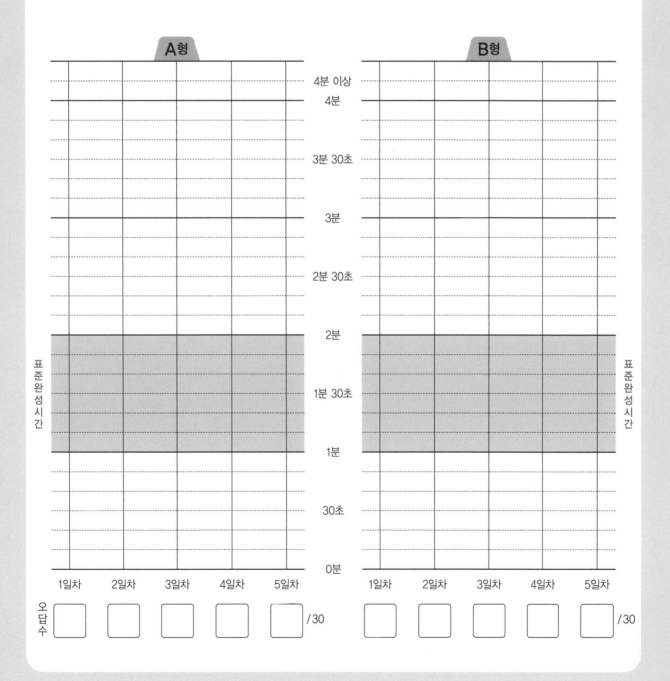

	A형						B형			
					4분 이상					
					4분					
					3분 30초					
					3분					
					2분 30초					
표준완성시간					2분					표준완성시간
					1분 30초					
					1분					
					30초					
					0분					

| | 1일차 | 2일차 | 3일차 | 4일차 | 5일차 | | 1일차 | 2일차 | 3일차 | 4일차 | 5일차 |

오답 수 ☐ ☐ ☐ ☐ ☐ /30   ☐ ☐ ☐ ☐ ☐ /30

합이 9까지인 덧셈

● 덧셈

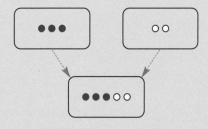

3과 2를 모으면 5가 됩니다.

이것을 기호 '+'를 사용하여 더하기로 나타내면

> 3 더하기 2는 5입니다.
> 3   +   2 = 5

이고, 여기서 5를 3과 2의 '합'이라고 합니다.

이렇게 한 개의 수에 또 한 개의 수를 더해서 그 합을 구하는 것을 덧셈이라고 합니다.

덧셈표를 이용한 덧셈의 예

+	3	1
4	7	5
2	5	3

$4 + 3 = 7$, $4 + 1 = 5$, $2 + 3 = 5$, $2 + 1 = 3$

합이 9까지인 덧셈

●표준완성시간 : 1~2분

날짜	월	일
시간	분	초
오답 수		/ 30

A 형

★ 덧셈을 하시오.

① 3 + 1 =

② 4 + 3 =

③ 5 + 4 =

④ 3 + 0 =

⑤ 6 + 2 =

⑥ 3 + 5 =

⑦ 2 + 4 =

⑧ 3 + 6 =

⑨ 2 + 5 =

⑩ 1 + 4 =

⑪ 5 + 3 =

⑫ 1 + 5 =

⑬ 2 + 1 =

⑭ 1 + 8 =

⑮ 7 + 2 =

⑯ 3 + 4 =

⑰ 6 + 1 =

⑱ 2 + 6 =

⑲ 3 + 2 =

⑳ 1 + 3 =

㉑ 2 + 2 =

㉒ 8 + 1 =

㉓ 4 + 5 =

㉔ 5 + 2 =

㉕ 4 + 1 =

㉖ 1 + 7 =

㉗ 0 + 6 =

㉘ 3 + 3 =

㉙ 2 + 7 =

㉚ 6 + 3 =

B형

날짜	월	일
시간	분	초
오답 수		/ 30

합이 9까지인 덧셈

★ 빈칸에 알맞은 수를 써넣어 덧셈표를 만들어 보시오.

+	4	1	0	2	3	5
4						9 ← 4+5=9
0						
2						
1						
3						

합이 9까지인 덧셈

★ 덧셈을 하시오.

① $2 + 3 =$

② $3 + 5 =$

③ $0 + 5 =$

④ $4 + 5 =$

⑤ $1 + 6 =$

⑥ $7 + 1 =$

⑦ $5 + 2 =$

⑧ $6 + 3 =$

⑨ $4 + 2 =$

⑩ $3 + 1 =$

⑪ $2 + 4 =$

⑫ $5 + 1 =$

⑬ $1 + 7 =$

⑭ $9 + 0 =$

⑮ $1 + 5 =$

⑯ $3 + 2 =$

⑰ $3 + 4 =$

⑱ $6 + 2 =$

⑲ $2 + 7 =$

⑳ $6 + 1 =$

㉑ $1 + 8 =$

㉒ $5 + 3 =$

㉓ $1 + 1 =$

㉔ $3 + 6 =$

㉕ $4 + 4 =$

㉖ $7 + 2 =$

㉗ $4 + 3 =$

㉘ $1 + 4 =$

㉙ $2 + 5 =$

㉚ $4 + 1 =$

B_형

날짜	월 일
시간	분 초
오답 수	/ 30

합이 9까지인 덧셈

★ 빈칸에 알맞은 수를 써넣어 덧셈표를 만들어 보시오.

+	2	5	3	4	0	1
1						
4						
3						
0						
2						

합이 9까지인 덧셈

★ 덧셈을 하시오.

① 6 + 2 =

② 1 + 2 =

③ 8 + 1 =

④ 2 + 6 =

⑤ 3 + 2 =

⑥ 1 + 6 =

⑦ 7 + 0 =

⑧ 2 + 4 =

⑨ 5 + 1 =

⑩ 4 + 5 =

⑪ 4 + 2 =

⑫ 3 + 3 =

⑬ 1 + 3 =

⑭ 7 + 2 =

⑮ 3 + 4 =

⑯ 2 + 1 =

⑰ 4 + 4 =

⑱ 3 + 6 =

⑲ 2 + 3 =

⑳ 6 + 1 =

㉑ 5 + 4 =

㉒ 0 + 1 =

㉓ 6 + 3 =

㉔ 4 + 1 =

㉕ 2 + 7 =

㉖ 2 + 2 =

㉗ 5 + 3 =

㉘ 1 + 1 =

㉙ 1 + 7 =

㉚ 2 + 5 =

B형

합이 9까지인 덧셈

★ 빈칸에 알맞은 수를 써넣어 덧셈표를 만들어 보시오.

+	3	0	4	1	5	2
3						
2						
0						
4						
1						

합이 9까지인 덧셈

★ 덧셈을 하시오.

① 2 + 3 =

② 5 + 2 =

③ 1 + 8 =

④ 7 + 1 =

⑤ 3 + 4 =

⑥ 4 + 2 =

⑦ 3 + 5 =

⑧ 7 + 2 =

⑨ 3 + 1 =

⑩ 1 + 5 =

⑪ 4 + 4 =

⑫ 2 + 0 =

⑬ 1 + 4 =

⑭ 2 + 6 =

⑮ 8 + 1 =

⑯ 4 + 3 =

⑰ 1 + 6 =

⑱ 2 + 2 =

⑲ 5 + 1 =

⑳ 4 + 5 =

㉑ 6 + 1 =

㉒ 3 + 6 =

㉓ 1 + 3 =

㉔ 6 + 2 =

㉕ 3 + 3 =

㉖ 3 + 2 =

㉗ 0 + 8 =

㉘ 1 + 2 =

㉙ 5 + 4 =

㉚ 1 + 1 =

B형

날짜	월 일
시간	분 초
오답 수	/ 30

합이 9까지인 덧셈

★ 빈칸에 알맞은 수를 써넣어 덧셈표를 만들어 보시오.

+	1	4	5	3	2	0
0						
3						
1						
2						
4						

5일차

합이 9까지인 덧셈

• 표준완성시간 : 1~2분

날짜	월	일
시간	분	초
오답 수		/ 30

A형

★ 덧셈을 하시오.

① 2 + 1 =

② 1 + 8 =

③ 5 + 2 =

④ 2 + 7 =

⑤ 0 + 0 =

⑥ 1 + 5 =

⑦ 2 + 2 =

⑧ 4 + 3 =

⑨ 7 + 1 =

⑩ 2 + 6 =

⑪ 4 + 1 =

⑫ 5 + 3 =

⑬ 2 + 4 =

⑭ 1 + 1 =

⑮ 5 + 4 =

⑯ 1 + 3 =

⑰ 3 + 6 =

⑱ 5 + 1 =

⑲ 4 + 4 =

⑳ 1 + 6 =

㉑ 1 + 2 =

㉒ 0 + 4 =

㉓ 4 + 2 =

㉔ 3 + 1 =

㉕ 2 + 3 =

㉖ 3 + 3 =

㉗ 6 + 2 =

㉘ 3 + 5 =

㉙ 8 + 1 =

㉚ 2 + 5 =

B형		
날짜	월	일
시간	분	초
오답 수	/	30

합이 9까지인 덧셈

★ 빈칸에 알맞은 수를 써넣어 덧셈표를 만들어 보시오.

+	5	3	2	0	1	4
2						
1						
4						
3						
0						

003 단계 차가 9까지인 뺄셈

● 결과 기록지

① 1~5일차 학습에 걸린 시간을 각각 재서 그래프에 점을 찍습니다.

② 점과 점을 연결하여 기록의 변화를 확인합니다.

③ 오답 수를 세어 오답 수 칸에 씁니다.

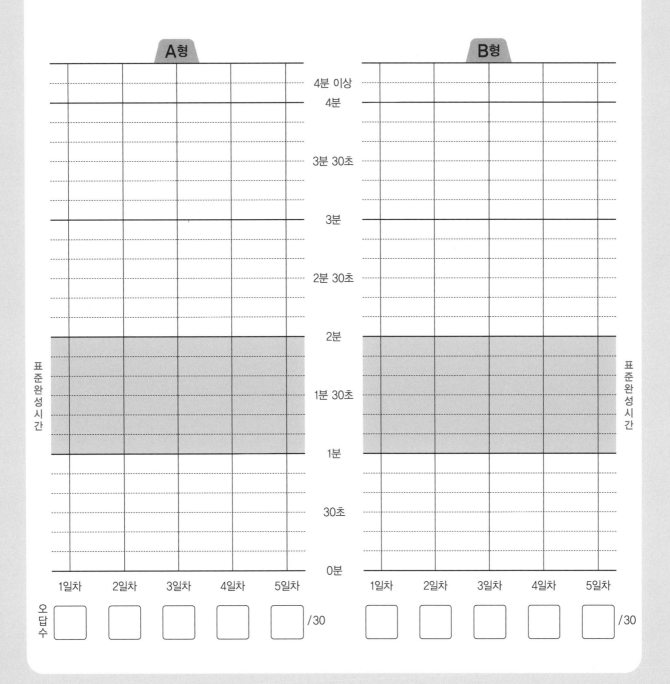

● 뺄셈

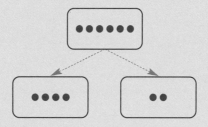

6은 4와 2로 가를 수 있습니다.
이것을 기호 '−' 를 사용하여 빼기로 나타내면

> 6 빼기 4는 2입니다.
> 6 − 4 = 2

이고, 여기서 2는 6과 4의 '차' 라고 합니다.
이렇게 어떤 수에서 다른 수를 빼서 그 차를 구하는 것을 뺄셈이라고 합니다.
뺄셈은 어떤 수량에서 얼마만큼을 덜어내거나,

두 수를 비교하여 그 차를 구할 때 사용합니다.

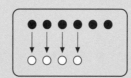

뺄셈표를 이용한 뺄셈의 예

−	2	4
5	3	1
8	6	4

5 − 2 = 3, 5 − 4 = 1, 8 − 2 = 6, 8 − 4 = 4

1일차

차가 9까지인 뺄셈

● 표준완성시간 : 1~2분

날짜	월	일
시간	분	초
오답 수	/	30

A형

★ 뺄셈을 하시오.

① $5 - 3 =$

② $4 - 1 =$

③ $9 - 1 =$

④ $9 - 4 =$

⑤ $8 - 6 =$

⑥ $7 - 3 =$

⑦ $2 - 2 =$

⑧ $7 - 6 =$

⑨ $8 - 5 =$

⑩ $4 - 0 =$

⑪ $4 - 2 =$

⑫ $5 - 5 =$

⑬ $8 - 3 =$

⑭ $9 - 8 =$

⑮ $6 - 0 =$

⑯ $3 - 1 =$

⑰ $5 - 4 =$

⑱ $8 - 1 =$

⑲ $7 - 4 =$

⑳ $6 - 2 =$

㉑ $7 - 2 =$

㉒ $8 - 7 =$

㉓ $9 - 9 =$

㉔ $4 - 3 =$

㉕ $7 - 1 =$

㉖ $6 - 3 =$

㉗ $8 - 4 =$

㉘ $1 - 0 =$

㉙ $9 - 7 =$

㉚ $8 - 2 =$

차가 9까지인 뺄셈

★ 빈칸에 알맞은 수를 써넣어 뺄셈표를 만들어 보시오.

-	1	4	0	2	3	5
7						2
5						
9						
6						
8						

7-5=2

차가 9까지인 뺄셈

★ 뺄셈을 하시오.

① 9 - 6 =

② 3 - 3 =

③ 6 - 5 =

④ 3 - 2 =

⑤ 7 - 0 =

⑥ 8 - 3 =

⑦ 5 - 1 =

⑧ 9 - 3 =

⑨ 5 - 2 =

⑩ 7 - 5 =

⑪ 2 - 1 =

⑫ 9 - 5 =

⑬ 5 - 4 =

⑭ 2 - 0 =

⑮ 9 - 2 =

⑯ 6 - 3 =

⑰ 6 - 4 =

⑱ 7 - 7 =

⑲ 8 - 5 =

⑳ 6 - 1 =

㉑ 7 - 6 =

㉒ 5 - 3 =

㉓ 8 - 1 =

㉔ 1 - 1 =

㉕ 6 - 2 =

㉖ 9 - 8 =

㉗ 5 - 0 =

㉘ 8 - 2 =

㉙ 7 - 4 =

㉚ 9 - 1 =

●표준완성시간 : 1~2분

차가 9까지인 뺄셈

★ 빈칸에 알맞은 수를 써넣어 뺄셈표를 만들어 보시오.

−	2	3	5	0	4	1
9						
7						
6						
8						
5						

차가 9까지인 뺄셈

★ 뺄셈을 하시오.

① 9 - 6 =

② 3 - 1 =

③ 8 - 7 =

④ 5 - 2 =

⑤ 4 - 4 =

⑥ 8 - 6 =

⑦ 6 - 1 =

⑧ 4 - 3 =

⑨ 7 - 3 =

⑩ 9 - 0 =

⑪ 8 - 8 =

⑫ 6 - 4 =

⑬ 3 - 2 =

⑭ 7 - 1 =

⑮ 4 - 2 =

⑯ 9 - 5 =

⑰ 3 - 0 =

⑱ 6 - 5 =

⑲ 7 - 4 =

⑳ 9 - 2 =

㉑ 4 - 1 =

㉒ 9 - 7 =

㉓ 8 - 0 =

㉔ 7 - 2 =

㉕ 9 - 4 =

㉖ 5 - 1 =

㉗ 9 - 3 =

㉘ 7 - 5 =

㉙ 6 - 6 =

㉚ 8 - 4 =

B형	날짜	월	일
	시간	분	초
	오답 수	/	30

차가 9까지인 뺄셈

★ 빈칸에 알맞은 수를 써넣어 뺄셈표를 만들어 보시오.

−	4	0	2	1	5	3
8						
9						
5						
7						
6						

차가 9까지인 뺄셈

●표준완성시간 : 1~2분

날짜	월	일
시간	분	초
오답 수	/	30

A형

★ 뺄셈을 하시오.

① $7 - 3 =$

② $1 - 0 =$

③ $3 - 1 =$

④ $6 - 3 =$

⑤ $7 - 7 =$

⑥ $5 - 3 =$

⑦ $6 - 1 =$

⑧ $8 - 2 =$

⑨ $9 - 8 =$

⑩ $7 - 6 =$

⑪ $5 - 4 =$

⑫ $2 - 2 =$

⑬ $9 - 4 =$

⑭ $8 - 5 =$

⑮ $7 - 1 =$

⑯ $6 - 2 =$

⑰ $5 - 0 =$

⑱ $8 - 6 =$

⑲ $3 - 2 =$

⑳ $9 - 6 =$

㉑ $2 - 1 =$

㉒ $9 - 7 =$

㉓ $6 - 4 =$

㉔ $9 - 0 =$

㉕ $4 - 3 =$

㉖ $8 - 3 =$

㉗ $4 - 4 =$

㉘ $9 - 2 =$

㉙ $5 - 2 =$

㉚ $8 - 1 =$

차가 9까지인 뺄셈

★ 빈칸에 알맞은 수를 써넣어 뺄셈표를 만들어 보시오.

−	5	2	4	3	1	0
6						
8						
7						
5						
9						

차가 9까지인 뺄셈

★ 뺄셈을 하시오.

① 7 - 4 =

② 8 - 0 =

③ 9 - 3 =

④ 7 - 5 =

⑤ 2 - 1 =

⑥ 7 - 2 =

⑦ 6 - 5 =

⑧ 4 - 2 =

⑨ 3 - 3 =

⑩ 8 - 4 =

⑪ 9 - 5 =

⑫ 4 - 1 =

⑬ 7 - 6 =

⑭ 9 - 2 =

⑮ 5 - 5 =

⑯ 8 - 7 =

⑰ 6 - 3 =

⑱ 2 - 0 =

⑲ 9 - 1 =

⑳ 5 - 3 =

㉑ 8 - 2 =

㉒ 4 - 3 =

㉓ 8 - 8 =

㉔ 9 - 6 =

㉕ 4 - 0 =

㉖ 8 - 3 =

㉗ 6 - 4 =

㉘ 5 - 1 =

㉙ 9 - 8 =

㉚ 0 - 0 =

B형

날짜	월	일
시간	분	초
오답 수	/	30

차가 9까지인 뺄셈

★ 빈칸에 알맞은 수를 써넣어 뺄셈표를 만들어 보시오.

−	3	5	1	4	0	2
5						
6						
8						
9						
7						

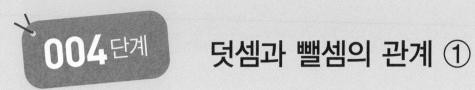

004단계 덧셈과 뺄셈의 관계 ①

● 결과 기록지

① 1~5일차 학습에 걸린 시간을 각각 재서 그래프에 점을 찍습니다.

② 점과 점을 연결하여 기록의 변화를 확인합니다.

③ 오답 수를 세어 오답 수 칸에 씁니다.

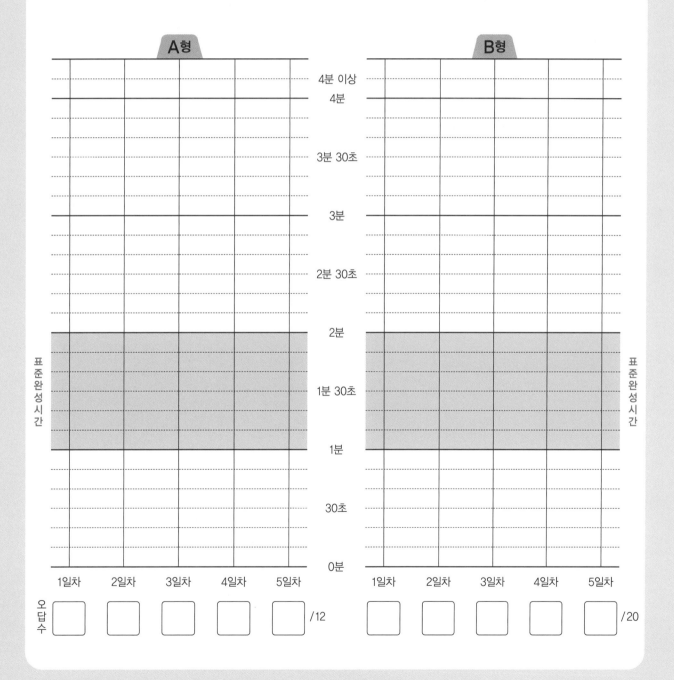

덧셈과 뺄셈의 관계 ①

● 덧셈과 뺄셈의 관계

전체 주문한 냉면 수
⇨ 3+1=4

나온 냉면 4그릇 중 물냉면의 수
⇨ 4-1=3

물론, 나온 냉면 4그릇 중 비빔냉면의 수는 물냉면 3그릇을 뺀 나머지이므로 4-3=1입니다.
덧셈과 뺄셈의 관계는 이와 같이 전체와 부분들과의 관계로 연결되어 있다는 것을 이해하면
쉽습니다. 부분과 부분을 더하면 전체가 되고, 전체에서 한 부분을 빼면 남은 부분이 됩니다.

덧셈식을 보고 뺄셈식 만들기의 예

$$3 + 1 = 4 \begin{cases} 4 - 1 = 3 \\ 4 - 3 = 1 \end{cases}$$

뺄셈식을 보고 덧셈식 만들기의 예

$$4 - 1 = 3 \begin{cases} 3 + 1 = 4 \\ 1 + 3 = 4 \end{cases}$$

1일차

● 표준완성시간 : 1~2분

날짜	월	일
시간	분	초
오답 수	/	12

덧셈과 뺄셈의 관계 ①

A형

★ 빈칸에 알맞은 수를 써넣으시오.

① $2 + 1 = \square$ → $\square - 1 = 2$
  → $\square - 2 = 1$

② $3 + 4 = \square$ → $\square - 4 = 3$
  → $\square - 3 = 4$

③ $6 + 2 = \square$ → $\square - 2 = 6$
  → $\square - 6 = 2$

④ $3 + 6 = \square$ → $\square - 6 = 3$
  → $\square - 3 = 6$

⑤ $4 + 2 = \square$ → $\square - 2 = 4$
  → $\square - 4 = 2$

⑥ $1 + 7 = \square$ → $\square - 7 = 1$
  → $\square - 1 = 7$

⑦ $5 - 3 = \square$ → $\square + 3 = 5$
  → $3 + \square = 5$

⑧ $8 - 2 = \square$ → $\square + 2 = 8$
  → $2 + \square = 8$

⑨ $9 - 8 = \square$ → $\square + 8 = 9$
  → $8 + \square = 9$

⑩ $6 - 1 = \square$ → $\square + 1 = 6$
  → $1 + \square = 6$

⑪ $7 - 4 = \square$ → $\square + 4 = 7$
  → $4 + \square = 7$

⑫ $4 - 3 = \square$ → $\square + 3 = 4$
  → $3 + \square = 4$

★ 빈칸에 알맞은 수를 써넣으시오.

① $6 + \boxed{} = 8$

② $3 + \boxed{} = 6$

③ $5 + \boxed{} = 9$

④ $1 + \boxed{} = 7$

⑤ $4 + \boxed{} = 5$

⑥ $\boxed{} + 3 = 8$

⑦ $\boxed{} + 1 = 4$

⑧ $\boxed{} + 8 = 9$

⑨ $\boxed{} + 4 = 6$

⑩ $\boxed{} + 3 = 7$

⑪ $8 - \boxed{} = 3$

⑫ $7 - \boxed{} = 4$

⑬ $6 - \boxed{} = 2$

⑭ $4 - \boxed{} = 3$

⑮ $9 - \boxed{} = 4$

⑯ $\boxed{} - 3 = 6$

⑰ $\boxed{} - 2 = 1$

⑱ $\boxed{} - 1 = 7$

⑲ $\boxed{} - 3 = 2$

⑳ $\boxed{} - 2 = 5$

2일차

덧셈과 뺄셈의 관계 ①

● 표준완성시간 : 1~2분

날짜	월	일
시간	분	초
오답 수	/	12

A형

★ 빈칸에 알맞은 수를 써넣으시오.

① $2 + 3 = \square$ → $\square - 3 = 2$
  → $\square - 2 = 3$

② $6 + 1 = \square$ → $\square - 1 = 6$
  → $\square - 6 = 1$

③ $4 + 5 = \square$ → $\square - 5 = 4$
  → $\square - 4 = 5$

④ $5 + 3 = \square$ → $\square - 3 = 5$
  → $\square - 5 = 3$

⑤ $1 + 3 = \square$ → $\square - 3 = 1$
  → $\square - 1 = 3$

⑥ $7 + 2 = \square$ → $\square - 2 = 7$
  → $\square - 7 = 2$

⑦ $6 - 5 = \square$ → $\square + 5 = 6$
  → $5 + \square = 6$

⑧ $9 - 1 = \square$ → $\square + 1 = 9$
  → $1 + \square = 9$

⑨ $5 - 2 = \square$ → $\square + 2 = 5$
  → $2 + \square = 5$

⑩ $8 - 6 = \square$ → $\square + 6 = 8$
  → $6 + \square = 8$

⑪ $9 - 5 = \square$ → $\square + 5 = 9$
  → $5 + \square = 9$

⑫ $7 - 2 = \square$ → $\square + 2 = 7$
  → $2 + \square = 7$

덧셈과 뺄셈의 관계 ①

★ 빈칸에 알맞은 수를 써넣으시오.

① $6 + \boxed{} = 7$

② $1 + \boxed{} = 5$

③ $2 + \boxed{} = 9$

④ $4 + \boxed{} = 8$

⑤ $3 + \boxed{} = 5$

⑥ $\boxed{} + 2 = 8$

⑦ $\boxed{} + 5 = 7$

⑧ $\boxed{} + 6 = 9$

⑨ $\boxed{} + 1 = 6$

⑩ $\boxed{} + 2 = 3$

⑪ $5 - \boxed{} = 4$

⑫ $9 - \boxed{} = 1$

⑬ $6 - \boxed{} = 4$

⑭ $8 - \boxed{} = 6$

⑮ $2 - \boxed{} = 1$

⑯ $\boxed{} - 7 = 2$

⑰ $\boxed{} - 4 = 4$

⑱ $\boxed{} - 6 = 1$

⑲ $\boxed{} - 6 = 3$

⑳ $\boxed{} - 1 = 5$

덧셈과 뺄셈의 관계 ①

★ 빈칸에 알맞은 수를 써넣으시오.

① $1 + 5 = \boxed{}$ → $\boxed{} - 5 = 1$
$\boxed{} - 1 = 5$

② $4 + 1 = \boxed{}$ → $\boxed{} - 1 = 4$
$\boxed{} - 4 = 1$

③ $2 + 5 = \boxed{}$ → $\boxed{} - 5 = 2$
$\boxed{} - 2 = 5$

④ $8 + 1 = \boxed{}$ → $\boxed{} - 1 = 8$
$\boxed{} - 8 = 1$

⑤ $6 + 3 = \boxed{}$ → $\boxed{} - 3 = 6$
$\boxed{} - 6 = 3$

⑥ $2 + 6 = \boxed{}$ → $\boxed{} - 6 = 2$
$\boxed{} - 2 = 6$

⑦ $8 - 7 = \boxed{}$ → $\boxed{} + 7 = 8$
$7 + \boxed{} = 8$

⑧ $8 - 5 = \boxed{}$ → $\boxed{} + 5 = 8$
$5 + \boxed{} = 8$

⑨ $9 - 2 = \boxed{}$ → $\boxed{} + 2 = 9$
$2 + \boxed{} = 9$

⑩ $7 - 3 = \boxed{}$ → $\boxed{} + 3 = 7$
$3 + \boxed{} = 7$

⑪ $5 - 1 = \boxed{}$ → $\boxed{} + 1 = 5$
$1 + \boxed{} = 5$

⑫ $6 - 4 = \boxed{}$ → $\boxed{} + 4 = 6$
$4 + \boxed{} = 6$

덧셈과 뺄셈의 관계 ①

★ 빈칸에 알맞은 수를 써넣으시오.

① $5 + \boxed{} = 6$

② $7 + \boxed{} = 9$

③ $2 + \boxed{} = 4$

④ $1 + \boxed{} = 8$

⑤ $2 + \boxed{} = 7$

⑥ $\boxed{} + 4 = 9$

⑦ $\boxed{} + 2 = 5$

⑧ $\boxed{} + 1 = 2$

⑨ $\boxed{} + 2 = 6$

⑩ $\boxed{} + 4 = 7$

⑪ $6 - \boxed{} = 3$

⑫ $3 - \boxed{} = 2$

⑬ $8 - \boxed{} = 5$

⑭ $5 - \boxed{} = 1$

⑮ $7 - \boxed{} = 2$

⑯ $\boxed{} - 2 = 3$

⑰ $\boxed{} - 7 = 1$

⑱ $\boxed{} - 5 = 4$

⑲ $\boxed{} - 2 = 2$

⑳ $\boxed{} - 1 = 6$

덧셈과 뺄셈의 관계 ①

★ 빈칸에 알맞은 수를 써넣으시오.

① $3+2=\boxed{}$　$\boxed{}-2=3$
　　　　　　　$\boxed{}-3=2$

② $1+6=\boxed{}$　$\boxed{}-6=1$
　　　　　　　$\boxed{}-1=6$

③ $2+7=\boxed{}$　$\boxed{}-7=2$
　　　　　　　$\boxed{}-2=7$

④ $3+5=\boxed{}$　$\boxed{}-5=3$
　　　　　　　$\boxed{}-3=5$

⑤ $5+1=\boxed{}$　$\boxed{}-1=5$
　　　　　　　$\boxed{}-5=1$

⑥ $4+3=\boxed{}$　$\boxed{}-3=4$
　　　　　　　$\boxed{}-4=3$

⑦ $3-1=\boxed{}$　$\boxed{}+1=3$
　　　　　　　$1+\boxed{}=3$

⑧ $9-3=\boxed{}$　$\boxed{}+3=9$
　　　　　　　$3+\boxed{}=9$

⑨ $7-5=\boxed{}$　$\boxed{}+5=7$
　　　　　　　$5+\boxed{}=7$

⑩ $6-2=\boxed{}$　$\boxed{}+2=6$
　　　　　　　$2+\boxed{}=6$

⑪ $8-3=\boxed{}$　$\boxed{}+3=8$
　　　　　　　$3+\boxed{}=8$

⑫ $9-6=\boxed{}$　$\boxed{}+6=9$
　　　　　　　$6+\boxed{}=9$

덧셈과 뺄셈의 관계 ①

★ 빈칸에 알맞은 수를 써넣으시오.

① $5 + \boxed{} = 8$

② $3 + \boxed{} = 7$

③ $1 + \boxed{} = 9$

④ $3 + \boxed{} = 4$

⑤ $5 + \boxed{} = 7$

⑥ $\boxed{} + 4 = 5$

⑦ $\boxed{} + 1 = 3$

⑧ $\boxed{} + 3 = 9$

⑨ $\boxed{} + 2 = 7$

⑩ $\boxed{} + 7 = 8$

⑪ $9 - \boxed{} = 5$

⑫ $7 - \boxed{} = 3$

⑬ $6 - \boxed{} = 1$

⑭ $9 - \boxed{} = 8$

⑮ $5 - \boxed{} = 3$

⑯ $\boxed{} - 6 = 2$

⑰ $\boxed{} - 3 = 1$

⑱ $\boxed{} - 5 = 3$

⑲ $\boxed{} - 2 = 7$

⑳ $\boxed{} - 3 = 3$

덧셈과 뺄셈의 관계 ①

★ 빈칸에 알맞은 수를 써넣으시오.

① $2 + 4 = \boxed{}$ → $\boxed{} - 4 = 2$
  → $\boxed{} - 2 = 4$

⑦ $8 - 1 = \boxed{}$ → $\boxed{} + 1 = 8$
  → $1 + \boxed{} = 8$

② $3 + 1 = \boxed{}$ → $\boxed{} - 1 = 3$
  → $\boxed{} - 3 = 1$

⑧ $9 - 7 = \boxed{}$ → $\boxed{} + 7 = 9$
  → $7 + \boxed{} = 9$

③ $1 + 4 = \boxed{}$ → $\boxed{} - 4 = 1$
  → $\boxed{} - 1 = 4$

⑨ $3 - 2 = \boxed{}$ → $\boxed{} + 2 = 3$
  → $2 + \boxed{} = 3$

④ $5 + 2 = \boxed{}$ → $\boxed{} - 2 = 5$
  → $\boxed{} - 5 = 2$

⑩ $7 - 6 = \boxed{}$ → $\boxed{} + 6 = 7$
  → $6 + \boxed{} = 7$

⑤ $5 + 4 = \boxed{}$ → $\boxed{} - 4 = 5$
  → $\boxed{} - 5 = 4$

⑪ $9 - 4 = \boxed{}$ → $\boxed{} + 4 = 9$
  → $4 + \boxed{} = 9$

⑥ $1 + 8 = \boxed{}$ → $\boxed{} - 8 = 1$
  → $\boxed{} - 1 = 8$

⑫ $4 - 1 = \boxed{}$ → $\boxed{} + 1 = 4$
  → $1 + \boxed{} = 4$

덧셈과 뺄셈의 관계 ①

★ 빈칸에 알맞은 수를 써넣으시오.

① $6 + \boxed{} = 9$

② $2 + \boxed{} = 6$

③ $1 + \boxed{} = 2$

④ $3 + \boxed{} = 8$

⑤ $2 + \boxed{} = 3$

⑥ $\boxed{} + 3 = 6$

⑦ $\boxed{} + 6 = 8$

⑧ $\boxed{} + 1 = 7$

⑨ $\boxed{} + 3 = 5$

⑩ $\boxed{} + 7 = 9$

⑪ $9 - \boxed{} = 2$

⑫ $7 - \boxed{} = 1$

⑬ $6 - \boxed{} = 5$

⑭ $9 - \boxed{} = 6$

⑮ $8 - \boxed{} = 4$

⑯ $\boxed{} - 2 = 2$

⑰ $\boxed{} - 1 = 2$

⑱ $\boxed{} - 8 = 1$

⑲ $\boxed{} - 2 = 4$

⑳ $\boxed{} - 3 = 4$

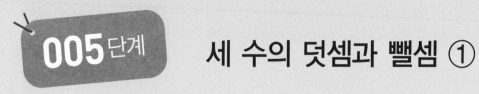

005단계 세 수의 덧셈과 뺄셈 ①

● 결과 기록지

① 1~5일차 학습에 걸린 시간을 각각 재서 그래프에 점을 찍습니다.
② 점과 점을 연결하여 기록의 변화를 확인합니다.
③ 오답 수를 세어 오답 수 칸에 씁니다.

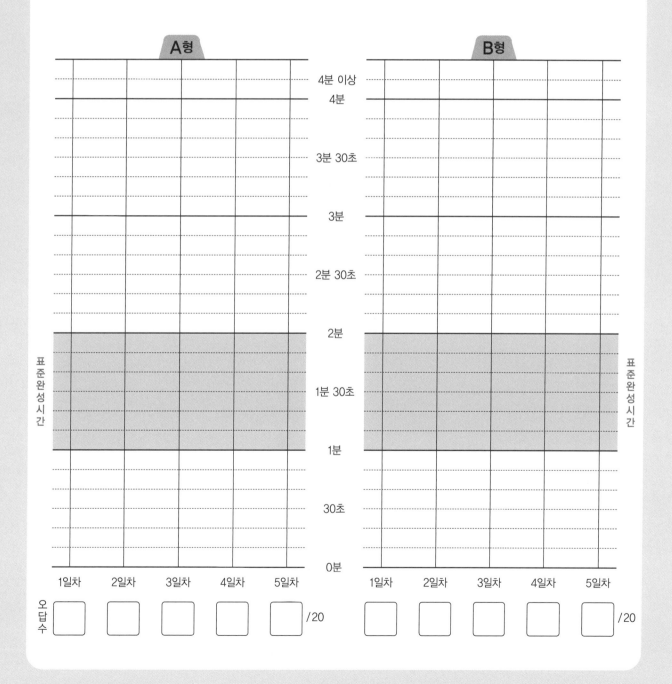

세 수의 덧셈과 뺄셈 ①

● 세 수의 덧셈, 세 수의 뺄셈

세 수의 덧셈과 세 수의 뺄셈은 앞에서부터 두 수씩 차례로 계산합니다.

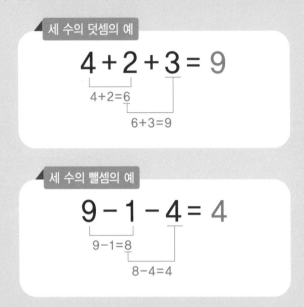

세 수의 덧셈의 예

$$4 + 2 + 3 = 9$$

4+2=6
6+3=9

세 수의 뺄셈의 예

$$9 - 1 - 4 = 4$$

9−1=8
8−4=4

단, 더하고 더하는 세 수의 덧셈은 순서를 바꾸어 더해도 결과는 같습니다.

● 세 수의 덧셈과 뺄셈

덧셈과 뺄셈이 섞여 있는 세 수의 덧셈과 뺄셈은 '+', '−'에 주의하여 앞에서부터 두 수씩 차례로 계산합니다.

보기

$$3 + 4 - 1 = 6$$

3+4=7
7−1=6

$$5 - 1 + 4 = 8$$

5−1=4
4+4=8

세 수의 덧셈과 뺄셈 ①

★ 계산을 하시오.

① $2 + 2 + 2 =$

② $2 + 1 + 4 =$

③ $4 + 2 + 3 =$

④ $2 + 6 + 1 =$

⑤ $1 + 1 + 3 =$

⑥ $6 + 3 + 0 =$

⑦ $3 + 2 + 3 =$

⑧ $5 + 3 + 1 =$

⑨ $1 + 3 + 2 =$

⑩ $3 + 4 + 1 =$

⑪ $6 - 1 - 2 =$

⑫ $9 - 2 - 3 =$

⑬ $7 - 1 - 2 =$

⑭ $8 - 7 - 1 =$

⑮ $9 - 5 - 3 =$

⑯ $8 - 3 - 3 =$

⑰ $9 - 1 - 4 =$

⑱ $2 - 0 - 1 =$

⑲ $7 - 4 - 1 =$

⑳ $8 - 2 - 6 =$

B 형

날짜	월 일
시간	분 초
오답 수	/ 20

세 수의 덧셈과 뺄셈 ①

★ 계산을 하시오.

① $1 + 3 - 2 =$

② $2 + 7 - 6 =$

③ $1 + 5 - 3 =$

④ $3 + 0 - 2 =$

⑤ $3 + 6 - 3 =$

⑥ $5 + 3 - 4 =$

⑦ $3 + 2 - 5 =$

⑧ $7 + 1 - 3 =$

⑨ $3 + 4 - 1 =$

⑩ $1 + 1 - 1 =$

⑪ $8 - 6 + 1 =$

⑫ $4 - 3 + 8 =$

⑬ $1 - 1 + 9 =$

⑭ $4 - 1 + 0 =$

⑮ $3 - 3 + 7 =$

⑯ $9 - 5 + 2 =$

⑰ $6 - 4 + 3 =$

⑱ $8 - 7 + 3 =$

⑲ $5 - 1 + 4 =$

⑳ $7 - 2 + 4 =$

★ 계산을 하시오.

① 4 + 3 + 2 =

② 1 + 2 + 1 =

③ 4 + 4 + 1 =

④ 2 + 4 + 1 =

⑤ 3 + 1 + 2 =

⑥ 2 + 1 + 2 =

⑦ 0 + 2 + 6 =

⑧ 2 + 3 + 4 =

⑨ 4 + 1 + 3 =

⑩ 3 + 3 + 1 =

⑪ 5 - 1 - 0 =

⑫ 7 - 2 - 3 =

⑬ 3 - 1 - 1 =

⑭ 8 - 1 - 4 =

⑮ 9 - 3 - 2 =

⑯ 3 - 2 - 1 =

⑰ 8 - 4 - 2 =

⑱ 6 - 3 - 3 =

⑲ 9 - 6 - 2 =

⑳ 9 - 1 - 5 =

세 수의 덧셈과 뺄셈 ①

★ 계산을 하시오.

① $2+5-1=$

② $1+6-7=$

③ $3+4-6=$

④ $1+2-3=$

⑤ $4+1-2=$

⑥ $5+4-7=$

⑦ $3+3-2=$

⑧ $6+2-4=$

⑨ $0+8-6=$

⑩ $2+2-3=$

⑪ $9-4+3=$

⑫ $8-0+1=$

⑬ $4-2+6=$

⑭ $9-8+1=$

⑮ $7-1+2=$

⑯ $5-5+6=$

⑰ $9-2+1=$

⑱ $5-2+3=$

⑲ $8-4+3=$

⑳ $2-1+7=$

세 수의 덧셈과 뺄셈 ①

★ 계산을 하시오.

① $2 + 2 + 3 =$

② $1 + 7 + 1 =$

③ $1 + 2 + 3 =$

④ $6 + 2 + 1 =$

⑤ $8 + 0 + 1 =$

⑥ $5 + 1 + 2 =$

⑦ $1 + 5 + 3 =$

⑧ $1 + 4 + 4 =$

⑨ $2 + 5 + 1 =$

⑩ $1 + 1 + 5 =$

⑪ $8 - 1 - 2 =$

⑫ $8 - 6 - 2 =$

⑬ $7 - 3 - 2 =$

⑭ $9 - 7 - 1 =$

⑮ $5 - 2 - 2 =$

⑯ $7 - 6 - 1 =$

⑰ $7 - 1 - 5 =$

⑱ $8 - 5 - 0 =$

⑲ $6 - 4 - 1 =$

⑳ $9 - 4 - 3 =$

세 수의 덧셈과 뺄셈 ①

★ 계산을 하시오.

① $1 + 4 - 3 =$

② $3 + 5 - 0 =$

③ $6 + 3 - 4 =$

④ $2 + 1 - 2 =$

⑤ $1 + 8 - 5 =$

⑥ $4 + 4 - 6 =$

⑦ $7 + 2 - 8 =$

⑧ $2 + 4 - 1 =$

⑨ $4 + 5 - 6 =$

⑩ $4 + 3 - 7 =$

⑪ $9 - 1 + 1 =$

⑫ $4 - 4 + 8 =$

⑬ $7 - 4 + 3 =$

⑭ $7 - 5 + 2 =$

⑮ $3 - 2 + 5 =$

⑯ $9 - 3 + 1 =$

⑰ $6 - 1 + 3 =$

⑱ $9 - 6 + 3 =$

⑲ $8 - 1 + 2 =$

⑳ $7 - 2 + 1 =$

4일차

세 수의 덧셈과 뺄셈 ①

● 표준완성시간 : 1~2분

날짜	월	일
시간	분	초
오답 수	/ 20

 A형

★ 계산을 하시오.

① $1 + 4 + 2 =$

② $2 + 2 + 1 =$

③ $1 + 3 + 4 =$

④ $7 + 1 + 1 =$

⑤ $3 + 1 + 5 =$

⑥ $4 + 2 + 2 =$

⑦ $2 + 1 + 6 =$

⑧ $5 + 2 + 2 =$

⑨ $2 + 3 + 1 =$

⑩ $1 + 6 + 1 =$

⑪ $9 - 5 - 4 =$

⑫ $4 - 1 - 2 =$

⑬ $8 - 3 - 1 =$

⑭ $5 - 1 - 3 =$

⑮ $7 - 5 - 2 =$

⑯ $9 - 3 - 5 =$

⑰ $5 - 3 - 1 =$

⑱ $8 - 0 - 3 =$

⑲ $6 - 3 - 1 =$

⑳ $6 - 2 - 1 =$

세 수의 덧셈과 뺄셈 ①

★ 계산을 하시오.

① $3 + 5 - 4 =$

② $4 + 0 - 2 =$

③ $2 + 3 - 4 =$

④ $1 + 7 - 8 =$

⑤ $5 + 2 - 4 =$

⑥ $4 + 5 - 8 =$

⑦ $2 + 5 - 3 =$

⑧ $7 + 2 - 3 =$

⑨ $3 + 1 - 1 =$

⑩ $4 + 2 - 5 =$

⑪ $7 - 6 + 4 =$

⑫ $8 - 2 + 3 =$

⑬ $9 - 4 + 1 =$

⑭ $7 - 3 + 5 =$

⑮ $9 - 7 + 4 =$

⑯ $6 - 5 + 6 =$

⑰ $8 - 3 + 4 =$

⑱ $2 - 2 + 9 =$

⑲ $6 - 3 + 4 =$

⑳ $5 - 0 + 2 =$

5일차

세 수의 덧셈과 뺄셈 ①

● 표준완성시간 : 1~2분

날짜	월	일
시간	분	초
오답 수	/ 20	

A형

★ 계산을 하시오.

① $7+0+1=$

② $3+4+2=$

③ $3+3+3=$

④ $1+1+2=$

⑤ $3+1+3=$

⑥ $1+2+5=$

⑦ $3+2+2=$

⑧ $3+5+1=$

⑨ $4+1+1=$

⑩ $6+1+2=$

⑪ $4-2-1=$

⑫ $9-8-1=$

⑬ $7-3-3=$

⑭ $8-2-3=$

⑮ $7-2-2=$

⑯ $6-5-1=$

⑰ $9-2-5=$

⑱ $8-5-2=$

⑲ $7-0-5=$

⑳ $8-1-6=$

세 수의 덧셈과 뺄셈 ①

★ 계산을 하시오.

① $6 + 3 - 8 =$

② $5 + 1 - 2 =$

③ $0 + 3 - 2 =$

④ $2 + 6 - 3 =$

⑤ $6 + 1 - 4 =$

⑥ $4 + 4 - 5 =$

⑦ $1 + 5 - 6 =$

⑧ $3 + 2 - 4 =$

⑨ $5 + 4 - 1 =$

⑩ $8 + 1 - 7 =$

⑪ $7 - 4 + 5 =$

⑫ $4 - 1 + 6 =$

⑬ $5 - 4 + 2 =$

⑭ $6 - 2 + 3 =$

⑮ $8 - 7 + 0 =$

⑯ $8 - 3 + 2 =$

⑰ $9 - 7 + 3 =$

⑱ $5 - 3 + 7 =$

⑲ $3 - 1 + 5 =$

⑳ $8 - 5 + 6 =$

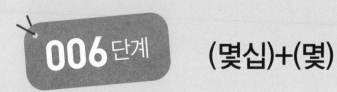

(몇십)+(몇)

● 결과 기록지

① 1~5일차 학습에 걸린 시간을 각각 재서 그래프에 점을 찍습니다.

② 점과 점을 연결하여 기록의 변화를 확인합니다.

③ 오답 수를 세어 오답 수 칸에 씁니다.

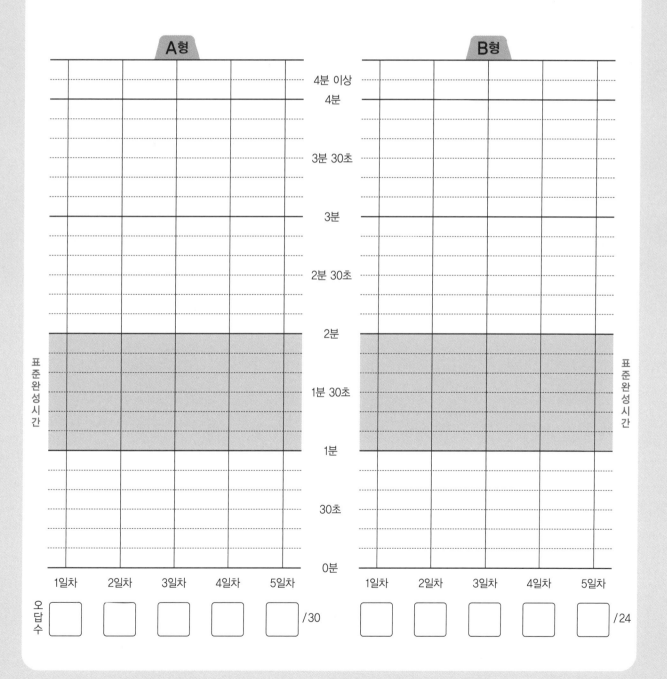

(몇십)+(몇)

● (몇십)+(몇)

(몇십)+(몇)을 하면 (몇십 몇)이 됩니다. 즉, 50+7=57입니다.
또한 (몇십)+(몇)을 세로셈으로 할 수 있습니다.

● (몇)+(몇십)

(몇)+(몇십)을 하면 (몇십 몇)이 됩니다. 즉, 5+60=65입니다.
또한 (몇)+(몇십)을 세로셈으로 할 수 있습니다.

(몇십)+(몇)

★ 덧셈을 하시오.

① $40 + 7 =$

② $90 + 3 =$

③ $20 + 6 =$

④ $70 + 1 =$

⑤ $50 + 4 =$

⑥ $10 + 8 =$

⑦ $40 + 2 =$

⑧ $80 + 6 =$

⑨ $30 + 9 =$

⑩ $60 + 5 =$

⑪ $2 + 50 =$

⑫ $9 + 80 =$

⑬ $5 + 10 =$

⑭ $7 + 20 =$

⑮ $8 + 60 =$

⑯ $1 + 30 =$

⑰ $5 + 70 =$

⑱ $3 + 40 =$

⑲ $6 + 90 =$

⑳ $4 + 20 =$

㉑ $10 + 5 =$

㉒ $1 + 50 =$

㉓ $90 + 5 =$

㉔ $3 + 30 =$

㉕ $40 + 9 =$

㉖ $7 + 70 =$

㉗ $60 + 2 =$

㉘ $6 + 20 =$

㉙ $70 + 8 =$

㉚ $4 + 80 =$

(몇십)+(몇)

★ 덧셈을 하시오.

①
```
   3 0
+    1
```

②
```
   8 0
+    4
```

③
```
   6 0
+    8
```

④
```
   1 0
+    9
```

⑤
```
   9 0
+    2
```

⑥
```
   4 0
+    6
```

⑦
```
     6
+  5 0
```

⑧
```
     2
+  7 0
```

⑨
```
     3
+  9 0
```

⑩
```
     9
+  2 0
```

⑪
```
     1
+  8 0
```

⑫
```
     5
+  3 0
```

⑬
```
   7 0
+    5
```

⑭
```
   2 0
+    3
```

⑮
```
   5 0
+    7
```

⑯
```
     8
+  4 0
```

⑰
```
     4
+  6 0
```

⑱
```
     7
+  1 0
```

⑲
```
   3 0
+    4
```

⑳
```
     1
+  1 0
```

㉑
```
   8 0
+    2
```

㉒
```
     8
+  9 0
```

㉓
```
   6 0
+    6
```

㉔
```
     5
+  5 0
```

2일차

(몇십)+(몇)

● 표준완성시간 : 1~2분

날짜	월	일
시간	분	초
오답 수		/ 30

A형

★ 덧셈을 하시오.

① $70 + 2 =$

② $20 + 5 =$

③ $50 + 1 =$

④ $80 + 9 =$

⑤ $40 + 8 =$

⑥ $10 + 3 =$

⑦ $90 + 7 =$

⑧ $60 + 4 =$

⑨ $50 + 3 =$

⑩ $30 + 6 =$

⑪ $5 + 40 =$

⑫ $6 + 10 =$

⑬ $2 + 90 =$

⑭ $7 + 30 =$

⑮ $1 + 60 =$

⑯ $8 + 20 =$

⑰ $3 + 70 =$

⑱ $2 + 80 =$

⑲ $9 + 10 =$

⑳ $4 + 50 =$

㉑ $90 + 9 =$

㉒ $2 + 30 =$

㉓ $80 + 7 =$

㉔ $4 + 70 =$

㉕ $10 + 1 =$

㉖ $6 + 60 =$

㉗ $40 + 3 =$

㉘ $1 + 20 =$

㉙ $50 + 8 =$

㉚ $5 + 90 =$

B형

날짜	월	일
시간	분	초
오답 수	/	24

(몇십)+(몇)

★ 덧셈을 하시오.

①
```
  7 0
+   3
```

②
```
  5 0
+   6
```

③
```
  2 0
+   8
```

④
```
  6 0
+   9
```

⑤
```
  8 0
+   5
```

⑥
```
  3 0
+   2
```

⑦
```
    9
+ 3 0
```

⑧
```
    2
+ 8 0
```

⑨
```
    3
+ 6 0
```

⑩
```
    4
+ 4 0
```

⑪
```
    1
+ 9 0
```

⑫
```
    8
+ 1 0
```

⑬
```
  9 0
+   4
```

⑭
```
  1 0
+   7
```

⑮
```
  4 0
+   1
```

⑯
```
    7
+ 5 0
```

⑰
```
    5
+ 2 0
```

⑱
```
    6
+ 7 0
```

⑲
```
  3 0
+   8
```

⑳
```
    9
+ 4 0
```

㉑
```
  2 0
+   4
```

㉒
```
    7
+ 9 0
```

㉓
```
  8 0
+   3
```

㉔
```
    2
+ 6 0
```

(몇십)+(몇)

★ 덧셈을 하시오.

① 30 + 7 =

② 90 + 6 =

③ 60 + 3 =

④ 50 + 5 =

⑤ 20 + 1 =

⑥ 70 + 9 =

⑦ 40 + 5 =

⑧ 80 + 8 =

⑨ 10 + 4 =

⑩ 50 + 2 =

⑪ 5 + 60 =

⑫ 2 + 10 =

⑬ 9 + 90 =

⑭ 1 + 40 =

⑮ 6 + 50 =

⑯ 7 + 60 =

⑰ 5 + 20 =

⑱ 8 + 70 =

⑲ 3 + 80 =

⑳ 4 + 30 =

㉑ 70 + 4 =

㉒ 8 + 30 =

㉓ 20 + 7 =

㉔ 9 + 50 =

㉕ 30 + 5 =

㉖ 3 + 10 =

㉗ 60 + 1 =

㉘ 6 + 80 =

㉙ 90 + 8 =

㉚ 2 + 40 =

(몇십)+(몇)

★ 덧셈을 하시오.

①
```
    8 0
+     1
```

⑦
```
      5
+   2 0
```

⑬
```
    4 0
+     4
```

⑲
```
    2 0
+     9
```

②
```
    9 0
+     9
```

⑧
```
      7
+   4 0
```

⑭
```
    3 0
+     8
```

⑳
```
      5
+   1 0
```

③
```
    5 0
+     5
```

⑨
```
      4
+   1 0
```

⑮
```
    7 0
+     6
```

㉑
```
    3 0
+     3
```

④
```
    6 0
+     7
```

⑩
```
      1
+   7 0
```

⑯
```
      2
+   9 0
```

㉒
```
      6
+   4 0
```

⑤
```
    1 0
+     3
```

⑪
```
      6
+   3 0
```

⑰
```
      3
+   5 0
```

㉓
```
    9 0
+     1
```

⑥
```
    2 0
+     2
```

⑫
```
      8
+   8 0
```

⑱
```
      9
+   6 0
```

㉔
```
      7
+   8 0
```

(몇십)+(몇)

• 표준완성시간 : 1~2분

날짜	월	일
시간	분	초
오답 수		/ 30

A형

★ 덧셈을 하시오.

① 90 + 3 =

② 80 + 4 =

③ 30 + 7 =

④ 50 + 6 =

⑤ 80 + 9 =

⑥ 20 + 5 =

⑦ 40 + 1 =

⑧ 70 + 7 =

⑨ 60 + 8 =

⑩ 10 + 2 =

⑪ 3 + 20 =

⑫ 7 + 40 =

⑬ 1 + 50 =

⑭ 4 + 90 =

⑮ 5 + 30 =

⑯ 6 + 80 =

⑰ 8 + 10 =

⑱ 2 + 60 =

⑲ 5 + 90 =

⑳ 9 + 70 =

㉑ 10 + 6 =

㉒ 2 + 40 =

㉓ 90 + 7 =

㉔ 9 + 60 =

㉕ 70 + 1 =

㉖ 8 + 20 =

㉗ 30 + 9 =

㉘ 3 + 50 =

㉙ 60 + 4 =

㉚ 5 + 80 =

B형

(몇십)+(몇)

★ 덧셈을 하시오.

①
$$\begin{array}{r} 4\ 0 \\ +\ \ \ 9 \\ \hline \end{array}$$

②
$$\begin{array}{r} 7\ 0 \\ +\ \ \ 4 \\ \hline \end{array}$$

③
$$\begin{array}{r} 2\ 0 \\ +\ \ \ 6 \\ \hline \end{array}$$

④
$$\begin{array}{r} 6\ 0 \\ +\ \ \ 7 \\ \hline \end{array}$$

⑤
$$\begin{array}{r} 8\ 0 \\ +\ \ \ 3 \\ \hline \end{array}$$

⑥
$$\begin{array}{r} 3\ 0 \\ +\ \ \ 2 \\ \hline \end{array}$$

⑦
$$\begin{array}{r} 4 \\ +\ 3\ 0 \\ \hline \end{array}$$

⑧
$$\begin{array}{r} 3 \\ +\ 6\ 0 \\ \hline \end{array}$$

⑨
$$\begin{array}{r} 7 \\ +\ 8\ 0 \\ \hline \end{array}$$

⑩
$$\begin{array}{r} 1 \\ +\ 9\ 0 \\ \hline \end{array}$$

⑪
$$\begin{array}{r} 8 \\ +\ 5\ 0 \\ \hline \end{array}$$

⑫
$$\begin{array}{r} 9 \\ +\ 1\ 0 \\ \hline \end{array}$$

⑬
$$\begin{array}{r} 9\ 0 \\ +\ \ \ 8 \\ \hline \end{array}$$

⑭
$$\begin{array}{r} 1\ 0 \\ +\ \ \ 1 \\ \hline \end{array}$$

⑮
$$\begin{array}{r} 5\ 0 \\ +\ \ \ 5 \\ \hline \end{array}$$

⑯
$$\begin{array}{r} 2 \\ +\ 2\ 0 \\ \hline \end{array}$$

⑰
$$\begin{array}{r} 6 \\ +\ 7\ 0 \\ \hline \end{array}$$

⑱
$$\begin{array}{r} 5 \\ +\ 4\ 0 \\ \hline \end{array}$$

⑲
$$\begin{array}{r} 7\ 0 \\ +\ \ \ 3 \\ \hline \end{array}$$

⑳
$$\begin{array}{r} 8 \\ +\ 3\ 0 \\ \hline \end{array}$$

㉑
$$\begin{array}{r} 4\ 0 \\ +\ \ \ 6 \\ \hline \end{array}$$

㉒
$$\begin{array}{r} 1 \\ +\ 6\ 0 \\ \hline \end{array}$$

㉓
$$\begin{array}{r} 2\ 0 \\ +\ \ \ 9 \\ \hline \end{array}$$

㉔
$$\begin{array}{r} 2 \\ +\ 8\ 0 \\ \hline \end{array}$$

5일차

(몇십)+(몇)

• 표준완성시간 : 1~2분

날짜	월	일
시간	분	초
오답 수	/	30

A형

★ 덧셈을 하시오.

① $70 + 8 =$

② $30 + 6 =$

③ $90 + 4 =$

④ $10 + 3 =$

⑤ $50 + 7 =$

⑥ $80 + 6 =$

⑦ $40 + 5 =$

⑧ $20 + 1 =$

⑨ $10 + 9 =$

⑩ $60 + 2 =$

⑪ $4 + 40 =$

⑫ $7 + 10 =$

⑬ $1 + 80 =$

⑭ $2 + 70 =$

⑮ $5 + 60 =$

⑯ $3 + 20 =$

⑰ $6 + 50 =$

⑱ $8 + 90 =$

⑲ $9 + 70 =$

⑳ $7 + 30 =$

㉑ $20 + 7 =$

㉒ $8 + 40 =$

㉓ $50 + 9 =$

㉔ $2 + 10 =$

㉕ $70 + 5 =$

㉖ $8 + 80 =$

㉗ $30 + 3 =$

㉘ $6 + 60 =$

㉙ $90 + 1 =$

㉚ $4 + 50 =$

● 표준완성시간 : 1~2분

날짜	월	일
시간	분	초
오답 수	/ 24	

(몇십)+(몇)

★ 덧셈을 하시오.

①
$$\begin{array}{r} 4\,0 \\ +\quad 3 \\ \hline \end{array}$$

⑦
$$\begin{array}{r} 4 \\ +2\,0 \\ \hline \end{array}$$

⑬
$$\begin{array}{r} 9\,0 \\ +\quad 6 \\ \hline \end{array}$$

⑲
$$\begin{array}{r} 4\,0 \\ +\quad 7 \\ \hline \end{array}$$

②
$$\begin{array}{r} 1\,0 \\ +\quad 4 \\ \hline \end{array}$$

⑧
$$\begin{array}{r} 3 \\ +9\,0 \\ \hline \end{array}$$

⑭
$$\begin{array}{r} 5\,0 \\ +\quad 1 \\ \hline \end{array}$$

⑳
$$\begin{array}{r} 6 \\ +2\,0 \\ \hline \end{array}$$

③
$$\begin{array}{r} 8\,0 \\ +\quad 2 \\ \hline \end{array}$$

⑨
$$\begin{array}{r} 8 \\ +7\,0 \\ \hline \end{array}$$

⑮
$$\begin{array}{r} 2\,0 \\ +\quad 8 \\ \hline \end{array}$$

㉑
$$\begin{array}{r} 6\,0 \\ +\quad 3 \\ \hline \end{array}$$

④
$$\begin{array}{r} 6\,0 \\ +\quad 9 \\ \hline \end{array}$$

⑩
$$\begin{array}{r} 2 \\ +3\,0 \\ \hline \end{array}$$

⑯
$$\begin{array}{r} 7 \\ +6\,0 \\ \hline \end{array}$$

㉒
$$\begin{array}{r} 4 \\ +7\,0 \\ \hline \end{array}$$

⑤
$$\begin{array}{r} 7\,0 \\ +\quad 7 \\ \hline \end{array}$$

⑪
$$\begin{array}{r} 1 \\ +4\,0 \\ \hline \end{array}$$

⑰
$$\begin{array}{r} 9 \\ +8\,0 \\ \hline \end{array}$$

㉓
$$\begin{array}{r} 1\,0 \\ +\quad 8 \\ \hline \end{array}$$

⑥
$$\begin{array}{r} 3\,0 \\ +\quad 5 \\ \hline \end{array}$$

⑫
$$\begin{array}{r} 6 \\ +1\,0 \\ \hline \end{array}$$

⑱
$$\begin{array}{r} 5 \\ +5\,0 \\ \hline \end{array}$$

㉔
$$\begin{array}{r} 9 \\ +3\,0 \\ \hline \end{array}$$

007 단계 (몇십 몇)±(몇)

● 결과 기록지

① 1~5일차 학습에 걸린 시간을 각각 재서 그래프에 점을 찍습니다.

② 점과 점을 연결하여 기록의 변화를 확인합니다.

③ 오답 수를 세어 오답 수 칸에 씁니다.

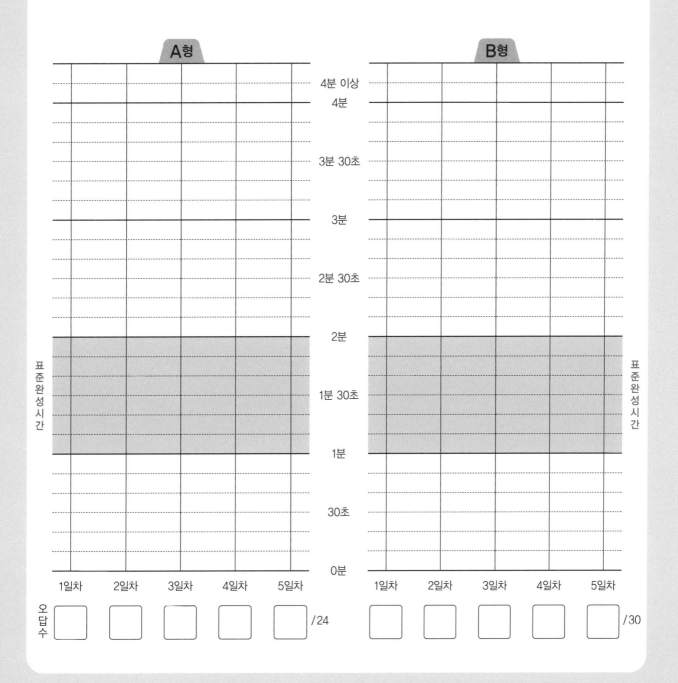

(몇십 몇)±(몇)

● (몇십 몇)+(몇), (몇)+(몇십 몇)

(몇십 몇)+(몇), (몇)+(몇십 몇)은 일의 자리의 숫자끼리 더해서 나온 숫자를 일의 자리에 쓰고,
십의 자리 숫자는 십의 자리에 씁니다.

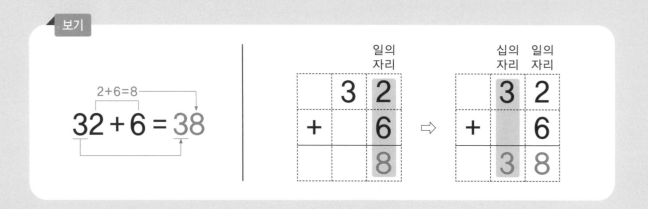

● (몇십 몇)-(몇)

(몇십 몇)-(몇)은 일의 자리의 숫자끼리 빼서 나온 숫자를 일의 자리에 쓰고, 십의 자리 숫자는
십의 자리에 씁니다.

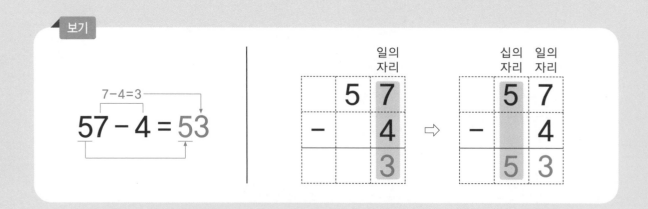

(몇십 몇)±(몇)

★ 계산을 하시오.

①
```
    4 1
+     3
```

⑦
```
      5
+   5 1
```

⑬
```
    5 8
-     8
```

⑲
```
    8 5
-     1
```

②
```
    9 7
+     2
```

⑧
```
      2
+   2 3
```

⑭
```
    3 7
-     2
```

⑳
```
    1 7
-     4
```

③
```
    1 2
+     5
```

⑨
```
      6
+   8 2
```

⑮
```
    9 8
-     1
```

㉑
```
    2 3
-     3
```

④
```
    3 2
+     1
```

⑩
```
      3
+   1 3
```

⑯
```
    6 4
-     3
```

㉒
```
    4 8
-     5
```

⑤
```
    7 3
+     6
```

⑪
```
      5
+   6 3
```

⑰
```
    4 9
-     8
```

㉓
```
    9 5
-     5
```

⑥
```
    6 4
+     4
```

⑫
```
      8
+   3 1
```

⑱
```
    7 5
-     3
```

㉔
```
    5 6
-     2
```

날짜	월	일
시간	분	초
오답 수		/ 30

B형

(몇십 몇)±(몇)

★ 계산을 하시오.

① $17 + 1 =$

② $52 + 7 =$

③ $94 + 5 =$

④ $31 + 1 =$

⑤ $72 + 6 =$

⑥ $4 + 21 =$

⑦ $1 + 86 =$

⑧ $4 + 63 =$

⑨ $2 + 74 =$

⑩ $6 + 43 =$

⑪ $24 - 2 =$

⑫ $87 - 3 =$

⑬ $31 - 1 =$

⑭ $68 - 2 =$

⑮ $96 - 5 =$

⑯ $29 - 4 =$

⑰ $45 - 2 =$

⑱ $76 - 6 =$

⑲ $13 - 2 =$

⑳ $59 - 7 =$

㉑ $92 + 2 =$

㉒ $18 - 7 =$

㉓ $1 + 28 =$

㉔ $66 - 4 =$

㉕ $53 + 2 =$

㉖ $38 - 4 =$

㉗ $5 + 83 =$

㉘ $89 - 1 =$

㉙ $41 + 2 =$

㉚ $79 - 6 =$

2일차

(몇십 몇)±(몇)

날짜	월 일
시간	분 초
오답 수	/ 24

● 표준완성시간 : 1~2분

A형

★ 계산을 하시오.

①
```
    4 6
+     1
```

②
```
    7 3
+     4
```

③
```
    2 4
+     2
```

④
```
    9 4
+     1
```

⑤
```
    6 4
+     5
```

⑥
```
    3 7
+     1
```

⑦
```
      3
+   1 5
```

⑧
```
      1
+   8 3
```

⑨
```
      4
+   5 4
```

⑩
```
      5
+   6 2
```

⑪
```
      7
+   3 2
```

⑫
```
      1
+   7 5
```

⑬
```
    2 2
−     2
```

⑭
```
    3 6
−     1
```

⑮
```
    4 5
−     4
```

⑯
```
    7 4
−     1
```

⑰
```
    6 9
−     5
```

⑱
```
    9 7
−     7
```

⑲
```
    5 7
−     5
```

⑳
```
    4 7
−     6
```

㉑
```
    9 9
−     3
```

㉒
```
    2 8
−     6
```

㉓
```
    8 8
−     3
```

㉔
```
    1 6
−     3
```

★ 계산을 하시오.

① $84 + 3 =$

② $48 + 1 =$

③ $63 + 5 =$

④ $21 + 2 =$

⑤ $72 + 4 =$

⑥ $1 + 96 =$

⑦ $4 + 51 =$

⑧ $3 + 16 =$

⑨ $5 + 81 =$

⑩ $6 + 32 =$

⑪ $42 - 1 =$

⑫ $86 - 4 =$

⑬ $67 - 3 =$

⑭ $96 - 1 =$

⑮ $39 - 2 =$

⑯ $54 - 4 =$

⑰ $78 - 5 =$

⑱ $27 - 1 =$

⑲ $38 - 7 =$

⑳ $15 - 2 =$

㉑ $77 + 1 =$

㉒ $39 - 9 =$

㉓ $1 + 13 =$

㉔ $84 - 3 =$

㉕ $93 + 2 =$

㉖ $53 - 1 =$

㉗ $2 + 25 =$

㉘ $69 - 4 =$

㉙ $54 + 5 =$

㉚ $46 - 2 =$

(몇십 몇)±(몇)

★ 계산을 하시오.

①
```
    2 2
+     1
```

②
```
    9 5
+     2
```

③
```
    5 4
+     2
```

④
```
    8 3
+     2
```

⑤
```
    1 3
+     6
```

⑥
```
    6 7
+     1
```

⑦
```
      8
+   4 1
```

⑧
```
      2
+   7 2
```

⑨
```
      4
+   3 1
```

⑩
```
      2
+   1 6
```

⑪
```
      6
+   9 1
```

⑫
```
      3
+   5 3
```

⑬
```
    7 6
-     5
```

⑭
```
    6 7
-     4
```

⑮
```
    1 9
-     1
```

⑯
```
    2 5
-     3
```

⑰
```
    3 4
-     1
```

⑱
```
    9 4
-     4
```

⑲
```
    8 8
-     4
```

⑳
```
    4 3
-     2
```

㉑
```
    5 8
-     2
```

㉒
```
    7 9
-     9
```

㉓
```
    6 5
-     1
```

㉔
```
    2 7
-     5
```

(몇십 몇)±(몇)

★ 계산을 하시오.

① $67 + 2 =$

② $73 + 5 =$

③ $21 + 1 =$

④ $83 + 4 =$

⑤ $71 + 2 =$

⑥ $6 + 12 =$

⑦ $3 + 91 =$

⑧ $5 + 34 =$

⑨ $3 + 52 =$

⑩ $1 + 45 =$

⑪ $44 - 2 =$

⑫ $25 - 4 =$

⑬ $61 - 1 =$

⑭ $57 - 7 =$

⑮ $98 - 6 =$

⑯ $77 - 2 =$

⑰ $39 - 8 =$

⑱ $86 - 3 =$

⑲ $18 - 1 =$

⑳ $59 - 5 =$

㉑ $21 + 6 =$

㉒ $77 - 1 =$

㉓ $2 + 44 =$

㉔ $19 - 7 =$

㉕ $86 + 3 =$

㉖ $52 - 1 =$

㉗ $4 + 34 =$

㉘ $89 - 6 =$

㉙ $64 + 1 =$

㉚ $98 - 3 =$

4일차

(몇십 몇)±(몇)

● 표준완성시간 : 1~2분

날짜	월	일
시간	분	초
오답 수	/ 24	

A형

★ 계산을 하시오.

①
```
   7 1
 +   8
```

⑦
```
     3
 + 8 5
```

⑬
```
   6 8
 -   5
```

⑲
```
   7 9
 -   2
```

②
```
   1 2
 +   3
```

⑧
```
     1
 + 2 5
```

⑭
```
   8 7
 -   6
```

⑳
```
   1 4
 -   3
```

③
```
   5 3
 +   1
```

⑨
```
     2
 + 6 1
```

⑮
```
   2 6
 -   2
```

㉑
```
   9 7
 -   5
```

④
```
   8 1
 +   3
```

⑩
```
     4
 + 9 1
```

⑯
```
   3 5
 -   5
```

㉒
```
   6 2
 -   2
```

⑤
```
   9 4
 +   3
```

⑪
```
     2
 + 3 4
```

⑰
```
   7 3
 -   1
```

㉓
```
   5 5
 -   2
```

⑥
```
   4 2
 +   7
```

⑫
```
     1
 + 7 6
```

⑱
```
   4 9
 -   3
```

㉔
```
   2 8
 -   3
```

(몇십 몇)±(몇)

★ 계산을 하시오.

① $43 + 3 =$

② $15 + 2 =$

③ $74 + 5 =$

④ $33 + 6 =$

⑤ $97 + 1 =$

⑥ $2 + 55 =$

⑦ $1 + 81 =$

⑧ $1 + 27 =$

⑨ $8 + 61 =$

⑩ $2 + 37 =$

⑪ $94 - 2 =$

⑫ $47 - 3 =$

⑬ $99 - 1 =$

⑭ $36 - 3 =$

⑮ $15 - 3 =$

⑯ $78 - 2 =$

⑰ $89 - 7 =$

⑱ $55 - 4 =$

⑲ $26 - 1 =$

⑳ $68 - 8 =$

㉑ $82 + 2 =$

㉒ $72 - 1 =$

㉓ $5 + 11 =$

㉔ $58 - 7 =$

㉕ $61 + 3 =$

㉖ $33 - 3 =$

㉗ $5 + 44 =$

㉘ $98 - 4 =$

㉙ $24 + 3 =$

㉚ $39 - 6 =$

5일차

(몇십 몇)±(몇)

★ 계산을 하시오.

①
```
   1 3
 +   2
```

②
```
   4 6
 +   3
```

③
```
   5 2
 +   6
```

④
```
   7 3
 +   3
```

⑤
```
   3 6
 +   1
```

⑥
```
   8 4
 +   5
```

⑦
```
     8
 + 5 1
```

⑧
```
     6
 + 9 2
```

⑨
```
     3
 + 2 5
```

⑩
```
     5
 + 4 2
```

⑪
```
     4
 + 1 2
```

⑫
```
     1
 + 6 2
```

⑬
```
   8 3
 -   2
```

⑭
```
   9 9
 -   5
```

⑮
```
   7 6
 -   4
```

⑯
```
   1 4
 -   1
```

⑰
```
   5 7
 -   2
```

⑱
```
   2 9
 -   8
```

⑲
```
   3 5
 -   1
```

⑳
```
   6 8
 -   6
```

㉑
```
   4 6
 -   6
```

㉒
```
   7 8
 -   3
```

㉓
```
   8 8
 -   1
```

㉔
```
   3 4
 -   4
```

(몇십 몇)±(몇)

★ 계산을 하시오.

① $21 + 7 =$

② $64 + 2 =$

③ $43 + 4 =$

④ $81 + 2 =$

⑤ $52 + 2 =$

⑥ $4 + 15 =$

⑦ $1 + 51 =$

⑧ $5 + 91 =$

⑨ $2 + 33 =$

⑩ $3 + 76 =$

⑪ $49 - 4 =$

⑫ $27 - 7 =$

⑬ $18 - 4 =$

⑭ $55 - 3 =$

⑮ $86 - 5 =$

⑯ $47 - 4 =$

⑰ $75 - 2 =$

⑱ $92 - 2 =$

⑲ $39 - 3 =$

⑳ $63 - 1 =$

㉑ $66 + 1 =$

㉒ $48 - 7 =$

㉓ $4 + 94 =$

㉔ $87 - 1 =$

㉕ $27 + 2 =$

㉖ $69 - 2 =$

㉗ $1 + 74 =$

㉘ $57 - 6 =$

㉙ $35 + 3 =$

㉚ $16 - 2 =$

(몇십)±(몇십), (몇십 몇)±(몇십 몇)

● 결과 기록지

① 1~5일차 학습에 걸린 시간을 각각 재서 그래프에 점을 찍습니다.
② 점과 점을 연결하여 기록의 변화를 확인합니다.
③ 오답 수를 세어 오답 수 칸에 씁니다.

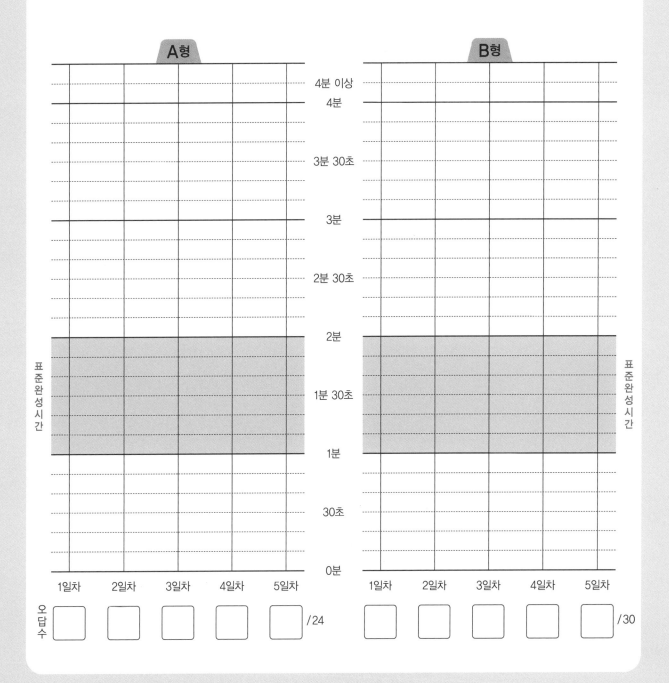

● (몇십)±(몇십)

(몇십)+(몇십)은 일의 자리에 0을 쓰고, 십의 자리 숫자끼리 더해서 나온 숫자를 십의 자리에 씁니다.

(몇십)−(몇십)은 일의 자리에 0을 쓰고, 십의 자리 숫자끼리 빼서 나온 숫자를 십의 자리에 씁니다.

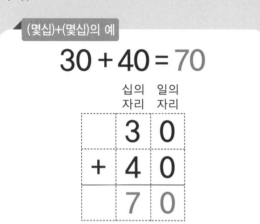

(몇십)+(몇십)의 예

$$30 + 40 = 70$$

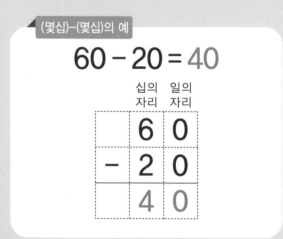

(몇십)−(몇십)의 예

$$60 - 20 = 40$$

● (몇십 몇)±(몇십 몇)

(몇십 몇)+(몇십 몇)은 일의 자리 숫자끼리 더해서 나온 숫자를 일의 자리에 쓰고, 십의 자리 숫자끼리 더해서 나온 숫자를 십의 자리에 씁니다.

(몇십 몇)−(몇십 몇)은 일의 자리 숫자끼리 빼서 나온 숫자를 일의 자리에 쓰고, 십의 자리 숫자끼리 빼서 나온 숫자를 십의 자리에 씁니다.

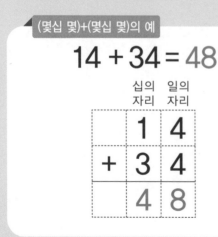

(몇십 몇)+(몇십 몇)의 예

$$14 + 34 = 48$$

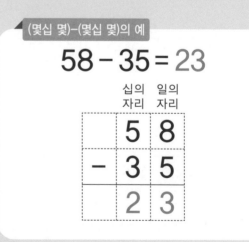

(몇십 몇)−(몇십 몇)의 예

$$58 - 35 = 23$$

(몇십)±(몇십), (몇십 몇)±(몇십 몇)

● 표준완성시간 : 1~2분

날짜	월	일
시간	분	초
오답 수		/ 24

A형

★ 계산을 하시오.

①
```
  3 0
+ 1 0
```

②
```
  2 0
+ 3 0
```

③
```
  6 0
+ 3 0
```

④
```
  1 0
+ 7 0
```

⑤
```
  4 0
+ 2 0
```

⑥
```
  3 0
+ 4 0
```

⑦
```
  1 2
+ 1 7
```

⑧
```
  5 0
+ 3 5
```

⑨
```
  1 2
+ 2 6
```

⑩
```
  8 2
+ 1 2
```

⑪
```
  5 3
+ 2 3
```

⑫
```
  1 1
+ 5 6
```

⑬
```
  6 0
- 4 0
```

⑭
```
  8 0
- 3 0
```

⑮
```
  3 0
- 2 0
```

⑯
```
  5 0
- 1 0
```

⑰
```
  8 0
- 2 0
```

⑱
```
  9 0
- 6 0
```

⑲
```
  8 8
- 5 1
```

⑳
```
  5 9
- 4 5
```

㉑
```
  3 8
- 1 8
```

㉒
```
  9 9
- 3 0
```

㉓
```
  6 7
- 2 6
```

㉔
```
  7 6
- 2 3
```

★ 계산을 하시오.

① $50 + 20 =$

② $10 + 40 =$

③ $40 + 40 =$

④ $80 + 10 =$

⑤ $20 + 40 =$

⑥ $31 + 10 =$

⑦ $14 + 72 =$

⑧ $52 + 13 =$

⑨ $35 + 24 =$

⑩ $43 + 54 =$

⑪ $30 - 10 =$

⑫ $70 - 20 =$

⑬ $60 - 30 =$

⑭ $90 - 50 =$

⑮ $80 - 70 =$

⑯ $77 - 35 =$

⑰ $92 - 12 =$

⑱ $89 - 38 =$

⑲ $56 - 24 =$

⑳ $28 - 12 =$

㉑ $30 + 60 =$

㉒ $50 - 40 =$

㉓ $50 + 30 =$

㉔ $80 - 60 =$

㉕ $30 + 44 =$

㉖ $96 - 71 =$

㉗ $14 + 34 =$

㉘ $48 - 34 =$

㉙ $27 + 51 =$

㉚ $73 - 10 =$

2일차

(몇십)±(몇십), (몇십 몇)±(몇십 몇)

● 표준완성시간 : 1~2분

날짜	월 일
시간	분 초
오답 수	/ 24

A 형

★ 계산을 하시오.

①
```
    4 0
+   5 0
```

②
```
    3 0
+   2 0
```

③
```
    6 0
+   1 0
```

④
```
    3 0
+   3 0
```

⑤
```
    1 0
+   2 0
```

⑥
```
    6 0
+   2 0
```

⑦
```
    1 2
+   4 4
```

⑧
```
    2 4
+   2 1
```

⑨
```
    5 7
+   1 2
```

⑩
```
    2 4
+   1 3
```

⑪
```
    3 2
+   6 0
```

⑫
```
    3 1
+   5 3
```

⑬
```
    8 0
-   1 0
```

⑭
```
    7 0
-   6 0
```

⑮
```
    9 0
-   7 0
```

⑯
```
    5 0
-   2 0
```

⑰
```
    8 0
-   4 0
```

⑱
```
    2 0
-   1 0
```

⑲
```
    4 3
-   2 2
```

⑳
```
    5 9
-   1 4
```

㉑
```
    9 5
-   2 5
```

㉒
```
    6 9
-   5 6
```

㉓
```
    4 7
-   1 0
```

㉔
```
    8 7
-   3 4
```

(몇십)±(몇십), (몇십 몇)±(몇십 몇)

★ 계산을 하시오.

① $70 + 10 =$

② $50 + 40 =$

③ $20 + 20 =$

④ $30 + 40 =$

⑤ $10 + 50 =$

⑥ $43 + 21 =$

⑦ $61 + 12 =$

⑧ $16 + 83 =$

⑨ $41 + 46 =$

⑩ $20 + 38 =$

⑪ $90 - 80 =$

⑫ $70 - 10 =$

⑬ $50 - 30 =$

⑭ $60 - 20 =$

⑮ $70 - 40 =$

⑯ $77 - 62 =$

⑰ $95 - 52 =$

⑱ $51 - 30 =$

⑲ $87 - 23 =$

⑳ $89 - 57 =$

㉑ $70 + 20 =$

㉒ $60 - 10 =$

㉓ $20 + 60 =$

㉔ $40 - 30 =$

㉕ $15 + 12 =$

㉖ $88 - 76 =$

㉗ $50 + 36 =$

㉘ $69 - 39 =$

㉙ $36 + 32 =$

㉚ $95 - 44 =$

★ 계산을 하시오.

①
$$\begin{array}{r} 2\ 0 \\ +\ 5\ 0 \\ \hline \end{array}$$

⑦
$$\begin{array}{r} 2\ 8 \\ +\ 4\ 1 \\ \hline \end{array}$$

⑬
$$\begin{array}{r} 6\ 0 \\ -\ 5\ 0 \\ \hline \end{array}$$

⑲
$$\begin{array}{r} 3\ 9 \\ -\ 2\ 1 \\ \hline \end{array}$$

②
$$\begin{array}{r} 4\ 0 \\ +\ 1\ 0 \\ \hline \end{array}$$

⑧
$$\begin{array}{r} 3\ 0 \\ +\ 2\ 1 \\ \hline \end{array}$$

⑭
$$\begin{array}{r} 9\ 0 \\ -\ 1\ 0 \\ \hline \end{array}$$

⑳
$$\begin{array}{r} 8\ 7 \\ -\ 4\ 7 \\ \hline \end{array}$$

③
$$\begin{array}{r} 3\ 0 \\ +\ 5\ 0 \\ \hline \end{array}$$

⑨
$$\begin{array}{r} 2\ 4 \\ +\ 1\ 5 \\ \hline \end{array}$$

⑮
$$\begin{array}{r} 4\ 0 \\ -\ 2\ 0 \\ \hline \end{array}$$

㉑
$$\begin{array}{r} 6\ 9 \\ -\ 4\ 0 \\ \hline \end{array}$$

④
$$\begin{array}{r} 2\ 0 \\ +\ 2\ 0 \\ \hline \end{array}$$

⑩
$$\begin{array}{r} 6\ 1 \\ +\ 3\ 7 \\ \hline \end{array}$$

⑯
$$\begin{array}{r} 7\ 0 \\ -\ 5\ 0 \\ \hline \end{array}$$

㉒
$$\begin{array}{r} 8\ 5 \\ -\ 1\ 3 \\ \hline \end{array}$$

⑤
$$\begin{array}{r} 1\ 0 \\ +\ 5\ 0 \\ \hline \end{array}$$

⑪
$$\begin{array}{r} 4\ 1 \\ +\ 3\ 1 \\ \hline \end{array}$$

⑰
$$\begin{array}{r} 4\ 0 \\ -\ 1\ 0 \\ \hline \end{array}$$

㉓
$$\begin{array}{r} 9\ 7 \\ -\ 6\ 4 \\ \hline \end{array}$$

⑥
$$\begin{array}{r} 7\ 0 \\ +\ 2\ 0 \\ \hline \end{array}$$

⑫
$$\begin{array}{r} 6\ 2 \\ +\ 2\ 5 \\ \hline \end{array}$$

⑱
$$\begin{array}{r} 7\ 0 \\ -\ 3\ 0 \\ \hline \end{array}$$

㉔
$$\begin{array}{r} 6\ 3 \\ -\ 1\ 1 \\ \hline \end{array}$$

B형

날짜	월	일
시간	분	초
오답 수	/ 30	

(몇십)±(몇십), (몇십 몇)±(몇십 몇)

★ 계산을 하시오.

① $60 + 20 =$

② $30 + 10 =$

③ $10 + 60 =$

④ $10 + 10 =$

⑤ $20 + 70 =$

⑥ $16 + 31 =$

⑦ $43 + 15 =$

⑧ $22 + 67 =$

⑨ $13 + 53 =$

⑩ $12 + 11 =$

⑪ $80 - 70 =$

⑫ $60 - 20 =$

⑬ $80 - 50 =$

⑭ $30 - 10 =$

⑮ $90 - 40 =$

⑯ $59 - 12 =$

⑰ $94 - 84 =$

⑱ $65 - 34 =$

⑲ $74 - 23 =$

⑳ $84 - 61 =$

㉑ $10 + 80 =$

㉒ $90 - 30 =$

㉓ $30 + 20 =$

㉔ $30 - 20 =$

㉕ $51 + 44 =$

㉖ $74 - 52 =$

㉗ $33 + 46 =$

㉘ $57 - 21 =$

㉙ $17 + 20 =$

㉚ $26 - 15 =$

★ 계산을 하시오.

①
```
   2 0
+  1 0
```

②
```
   5 0
+  3 0
```

③
```
   2 0
+  4 0
```

④
```
   1 0
+  1 0
```

⑤
```
   4 0
+  3 0
```

⑥
```
   1 0
+  8 0
```

⑦
```
   3 5
+  6 1
```

⑧
```
   1 3
+  2 0
```

⑨
```
   2 1
+  3 1
```

⑩
```
   7 2
+  1 6
```

⑪
```
   1 4
+  6 1
```

⑫
```
   2 7
+  2 2
```

⑬
```
   2 0
-  1 0
```

⑭
```
   8 0
-  4 0
```

⑮
```
   5 0
-  3 0
```

⑯
```
   8 0
-  1 0
```

⑰
```
   9 0
-  6 0
```

⑱
```
   7 0
-  2 0
```

⑲
```
   7 9
-  4 3
```

⑳
```
   6 8
-  2 7
```

㉑
```
   8 6
-  3 6
```

㉒
```
   3 7
-  1 3
```

㉓
```
   4 9
-  3 2
```

㉔
```
   9 5
-  4 0
```

★ 계산을 하시오.

① $20 + 50 =$

② $10 + 70 =$

③ $30 + 30 =$

④ $50 + 40 =$

⑤ $40 + 10 =$

⑥ $63 + 21 =$

⑦ $22 + 14 =$

⑧ $14 + 43 =$

⑨ $31 + 48 =$

⑩ $25 + 73 =$

⑪ $50 - 40 =$

⑫ $80 - 30 =$

⑬ $70 - 10 =$

⑭ $80 - 60 =$

⑮ $90 - 80 =$

⑯ $96 - 15 =$

⑰ $79 - 67 =$

⑱ $83 - 42 =$

⑲ $58 - 32 =$

⑳ $84 - 50 =$

㉑ $60 + 30 =$

㉒ $40 - 10 =$

㉓ $10 + 60 =$

㉔ $90 - 50 =$

㉕ $14 + 14 =$

㉖ $96 - 61 =$

㉗ $31 + 23 =$

㉘ $87 - 15 =$

㉙ $41 + 20 =$

㉚ $93 - 33 =$

●표준완성시간 : 1~2분

날짜	월	일
시간	분	초
오답 수	/ 24	

A형

★ 계산을 하시오.

①
```
    4 0
+   4 0
```

②
```
    3 0
+   6 0
```

③
```
    5 0
+   1 0
```

④
```
    2 0
+   6 0
```

⑤
```
    1 0
+   3 0
```

⑥
```
    5 0
+   2 0
```

⑦
```
    8 4
+   1 5
```

⑧
```
    6 2
+   1 1
```

⑨
```
    1 9
+   1 0
```

⑩
```
    2 1
+   2 1
```

⑪
```
    3 1
+   5 7
```

⑫
```
    1 3
+   5 1
```

⑬
```
    7 0
-   3 0
```

⑭
```
    8 0
-   5 0
```

⑮
```
    9 0
-   2 0
```

⑯
```
    4 0
-   3 0
```

⑰
```
    6 0
-   1 0
```

⑱
```
    9 0
-   7 0
```

⑲
```
    7 1
-   1 1
```

⑳
```
    5 7
-   2 2
```

㉑
```
    8 4
-   7 1
```

㉒
```
    4 6
-   2 0
```

㉓
```
    5 9
-   1 3
```

㉔
```
    6 8
-   4 6
```

B형

날짜	월	일
시간	분	초
오답 수		/ 30

(몇십)±(몇십), (몇십 몇)±(몇십 몇)

★ 계산을 하시오.

① $20 + 30 =$

② $10 + 20 =$

③ $60 + 10 =$

④ $40 + 50 =$

⑤ $40 + 20 =$

⑥ $45 + 14 =$

⑦ $26 + 50 =$

⑧ $23 + 62 =$

⑨ $31 + 32 =$

⑩ $65 + 32 =$

⑪ $50 - 20 =$

⑫ $90 - 10 =$

⑬ $60 - 30 =$

⑭ $70 - 60 =$

⑮ $80 - 20 =$

⑯ $79 - 41 =$

⑰ $58 - 35 =$

⑱ $84 - 34 =$

⑲ $69 - 25 =$

⑳ $92 - 21 =$

㉑ $40 + 30 =$

㉒ $60 - 40 =$

㉓ $20 + 70 =$

㉔ $50 - 10 =$

㉕ $71 + 23 =$

㉖ $79 - 57 =$

㉗ $24 + 44 =$

㉘ $62 - 50 =$

㉙ $71 + 18 =$

㉚ $89 - 24 =$

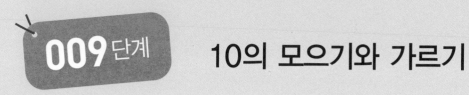

009단계 10의 모으기와 가르기

● 결과 기록지

① 1~5일차 학습에 걸린 시간을 각각 재서 그래프에 점을 찍습니다.
② 점과 점을 연결하여 기록의 변화를 확인합니다.
③ 오답 수를 세어 오답 수 칸에 씁니다.

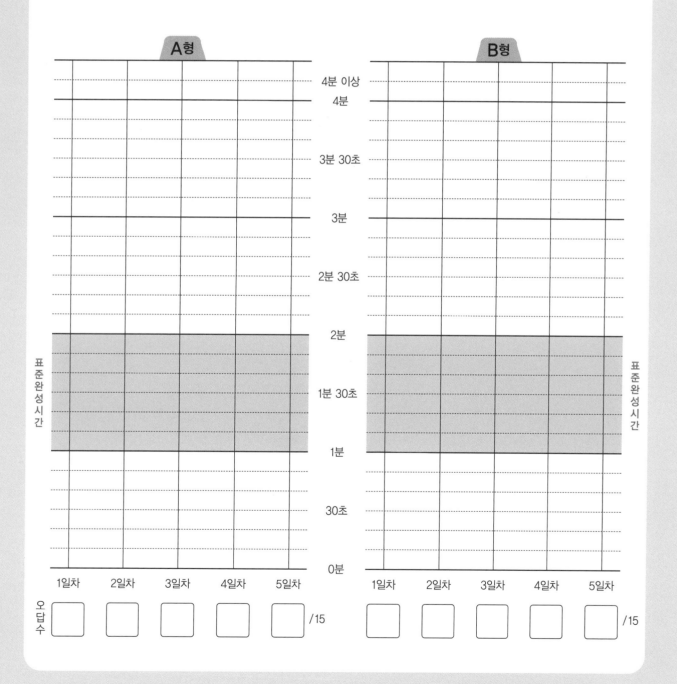

10의 모으기와 가르기

● 10의 모으기와 가르기

○ ● ● ● ● ● ● ● ● ●	1	9
○ ○ ● ● ● ● ● ● ● ●	2	8
○ ○ ○ ● ● ● ● ● ● ●	3	7
○ ○ ○ ○ ● ● ● ● ● ●	4	6
○ ○ ○ ○ ○ ● ● ● ● ●	5	5
○ ○ ○ ○ ○ ○ ● ● ● ●	6	4
○ ○ ○ ○ ○ ○ ○ ● ● ●	7	3
○ ○ ○ ○ ○ ○ ○ ○ ● ●	8	2
○ ○ ○ ○ ○ ○ ○ ○ ○ ●	9	1

10이 되게 모으기	10을 가르기
1과 9를 모아 10을 만듭니다.	10을 1과 9로 가르기 합니다.
2와 8을 모아 10을 만듭니다.	10을 2와 8로 가르기 합니다.
3과 7을 모아 10을 만듭니다.	10을 3과 7로 가르기 합니다.
4와 6을 모아 10을 만듭니다.	10을 4와 6으로 가르기 합니다.
5와 5를 모아 10을 만듭니다.	10을 5와 5로 가르기 합니다.
6과 4를 모아 10을 만듭니다.	10을 6과 4로 가르기 합니다.
7과 3을 모아 10을 만듭니다.	10을 7과 3으로 가르기 합니다.
8과 2를 모아 10을 만듭니다.	10을 8과 2로 가르기 합니다.
9와 1을 모아 10을 만듭니다.	10을 9와 1로 가르기 합니다.

1단계에서 공부했던 '수 모으기' 와 같은 방법으로, 모은 수가 10이 되도록 수를 모읍니다.
또한 1단계에서 공부했던 '수 가르기' 와 같은 방법으로, 10을 두 수로 가르기 합니다.
10이 되게 모으기는 '받아올림이 있는 덧셈' , 10을 가르기는 '받아내림이 있는 뺄셈' 의 기초
가 됩니다.

보기

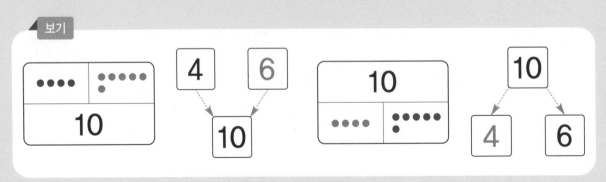

10의 모으기와 가르기

★ 빈칸에 알맞게 점을 그리시오.

① 10

② 10

③ 10

④ 10

⑤ 10

⑥ 10

⑦ 10

⑧ 10

⑨ 10

⑩ 10

⑪ 10

⑫ 10

⑬ 10

⑭ 10

⑮ 10

10의 모으기와 가르기

★ 빈칸에 알맞은 수를 써넣으시오.

①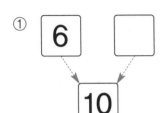

②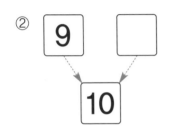

③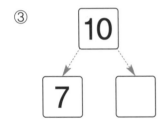

④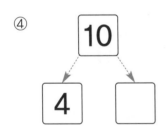

⑤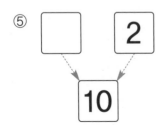

⑥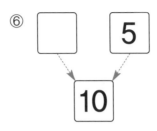

⑦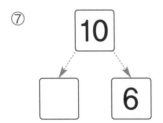

⑧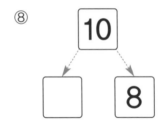

⑨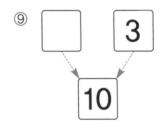

⑩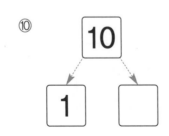

⑪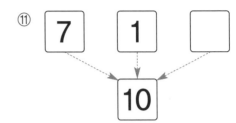

⑫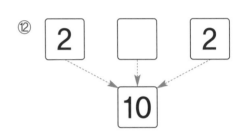

⑬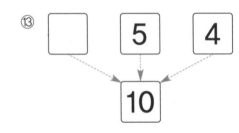

⑭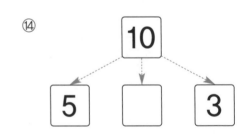

⑮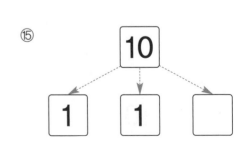

10의 모으기와 가르기

★ 빈칸에 알맞게 점을 그리시오.

①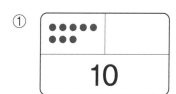

②

③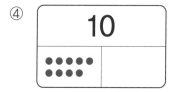

④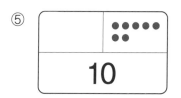

⑤

⑥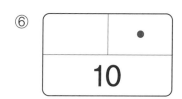

⑦

⑧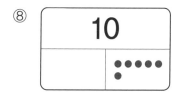

⑨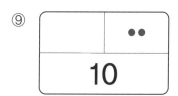

⑩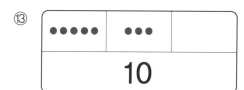

⑪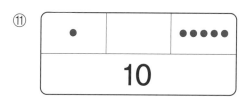

⑫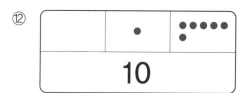

⑬

⑭

⑮

10의 모으기와 가르기

★ 빈칸에 알맞은 수를 써넣으시오.

①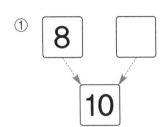

⑥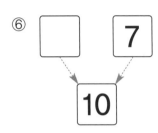

⑪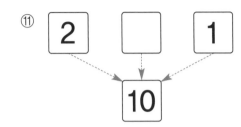

②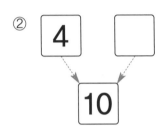

⑦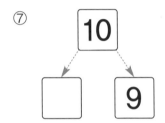

⑫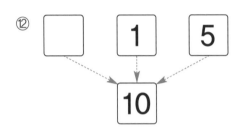

③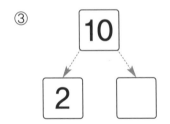

⑧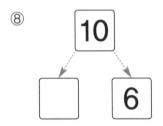

⑬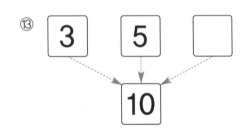

④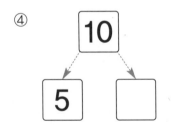

⑨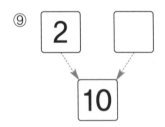

⑭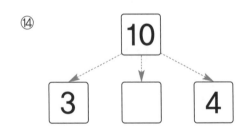

⑤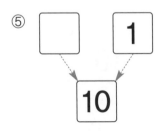

⑩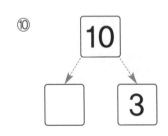

⑮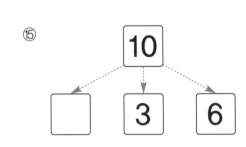

10의 모으기와 가르기

● 표준완성시간 : 1~2분

날짜	월	일
시간	분	초
오답 수		/ 15

A형

★ 빈칸에 알맞게 점을 그리시오.

①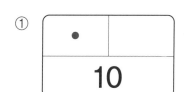

⑥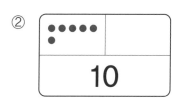

⑪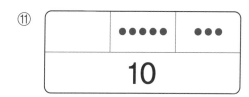

②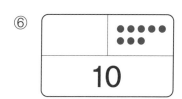

⑦

⑫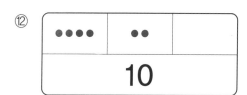

③

⑧

⑬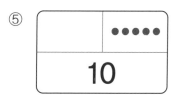

④

⑨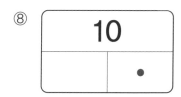

⑭

⑤

⑩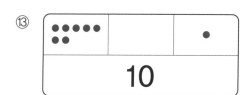

⑮

10의 모으기와 가르기

★ 빈칸에 알맞은 수를 써넣으시오.

①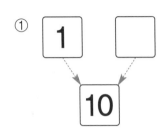

②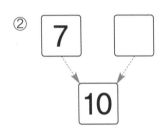

③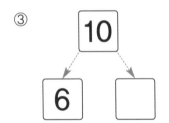

④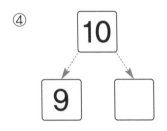

⑤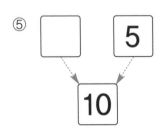

⑥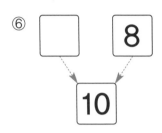

⑦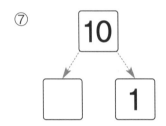

⑧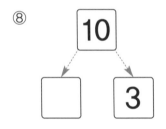

⑨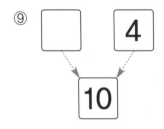

⑩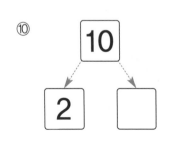

⑪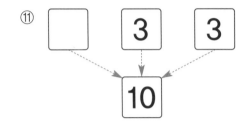

⑫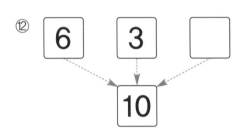

⑬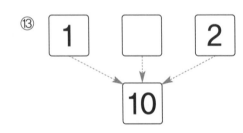

⑭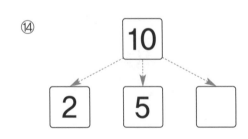

⑮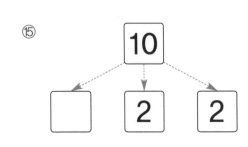

10의 모으기와 가르기

● 표준완성시간 : 1~2분

날짜	월	일
시간	분	초
오답 수	/	15

A형

★ 빈칸에 알맞게 점을 그리시오.

①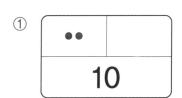

⑥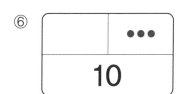

⑪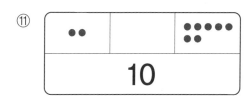

②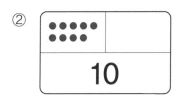

⑦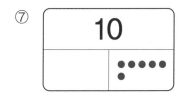

⑫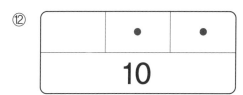

③

⑧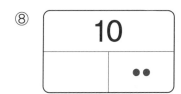

⑬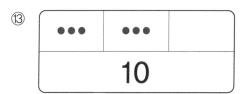

④

⑨

⑭

⑤

⑩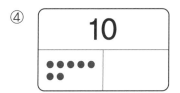

⑮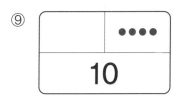

10의 모으기와 가르기

★ 빈칸에 알맞은 수를 써넣으시오.

①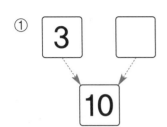

⑥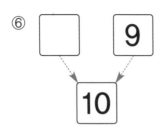

⑪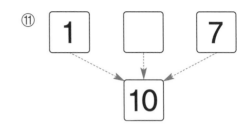

②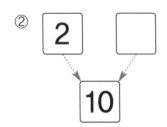

⑦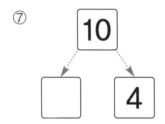

⑫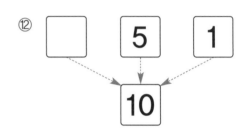

③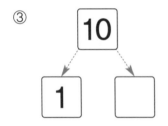

⑧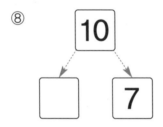

⑬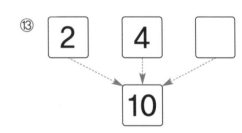

④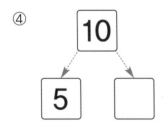

⑨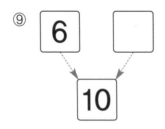

⑭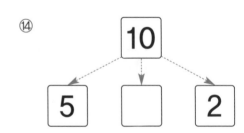

⑤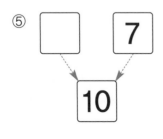

⑩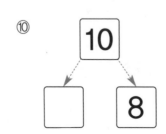

⑮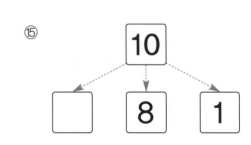

10의 모으기와 가르기

A형

★ 빈칸에 알맞게 점을 그리시오.

①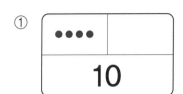

②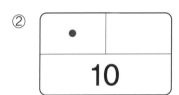

③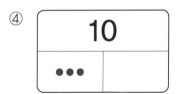

④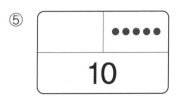

⑤

⑥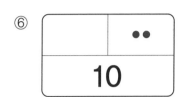

⑦

⑧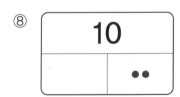

⑨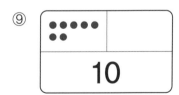

⑩

⑪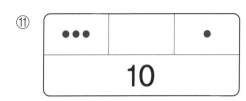

⑫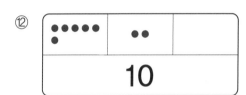

⑬

⑭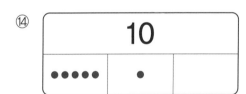

⑮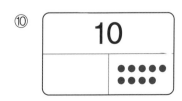

10의 모으기와 가르기

★ 빈칸에 알맞은 수를 써넣으시오.

①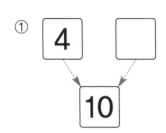

②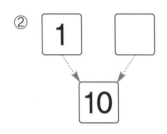

③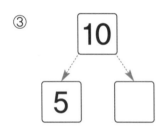

④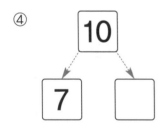

⑤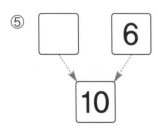

⑥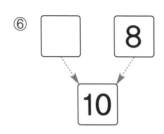

⑦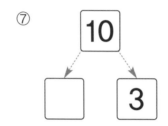

⑧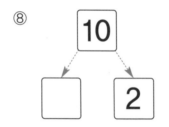

⑨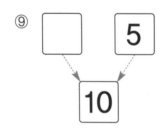

⑩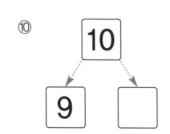

⑪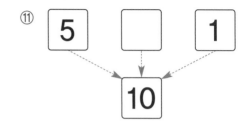

⑫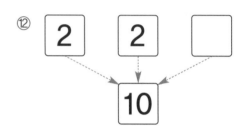

⑬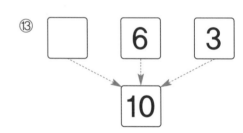

⑭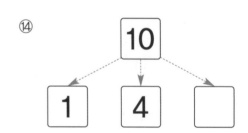

⑮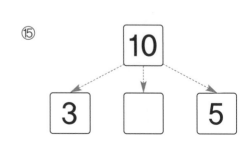

010 단계 10의 덧셈과 뺄셈

● 결과 기록지

① 1~5일차 학습에 걸린 시간을 각각 재서 그래프에 점을 찍습니다.
② 점과 점을 연결하여 기록의 변화를 확인합니다.
③ 오답 수를 세어 오답 수 칸에 씁니다.

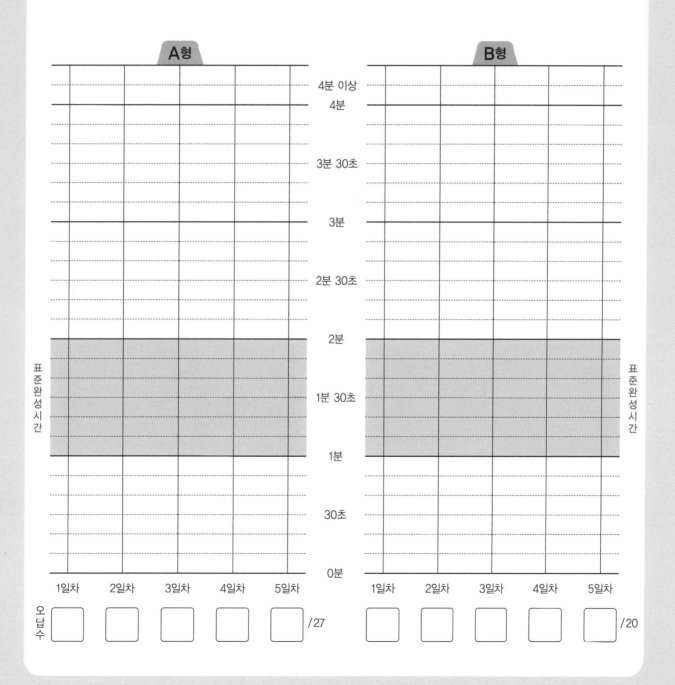

● 10이 되는 덧셈

10 모으기를 잘 익혔다면 10이 되는 덧셈을 쉽게 할 수 있습니다.

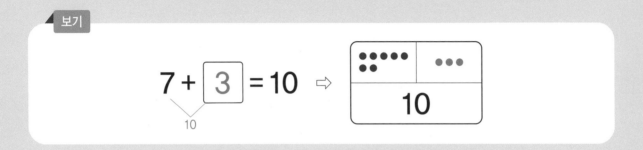

보기

$$7 + \boxed{3} = 10 \Rightarrow$$

10

10

● 10에서 빼는 뺄셈

10 가르기를 잘 익혔다면 10에서 빼는 뺄셈을 쉽게 할 수 있습니다.

보기

$$10 - \boxed{2} = 8 \Rightarrow$$

2 8

10

10의 덧셈과 뺄셈

★ 빈칸에 알맞은 수를 써넣으시오.

① $1 + \boxed{} = 10$

② $7 + \boxed{} = 10$

③ $10 - \boxed{} = 2$

④ $\boxed{} + 6 = 10$

⑤ $\boxed{} + 9 = 10$

⑥ $10 - \boxed{} = 9$

⑦ $4 + \boxed{} = 10$

⑧ $\boxed{} + 7 = 10$

⑨ $10 - \boxed{} = 5$

⑩ $8 + \boxed{} = 10$

⑪ $\boxed{} + 1 = 10$

⑫ $10 - \boxed{} = 7$

⑬ $2 + \boxed{} = 10$

⑭ $\boxed{} + 3 = 10$

⑮ $10 - \boxed{} = 4$

⑯ $6 + \boxed{} = 10$

⑰ $\boxed{} + 5 = 10$

⑱ $10 - \boxed{} = 3$

⑲ $5 + \boxed{} = 10$

⑳ $10 - \boxed{} = 8$

㉑ $\boxed{} + 2 = 10$

㉒ $\boxed{} + 8 = 10$

㉓ $10 - \boxed{} = 1$

㉔ $3 + \boxed{} = 10$

㉕ $\boxed{} + 4 = 10$

㉖ $9 + \boxed{} = 10$

㉗ $10 - \boxed{} = 6$

10의 덧셈과 뺄셈

★ 빈칸에 알맞은 수를 써넣으시오.

①~⑤

$3 +$ ☐

$6 +$ ☐

$7 +$ ☐ $= 10$

$2 +$ ☐

$8 +$ ☐

⑪~⑮

☐ $= 7$

☐ $= 2$

$10 -$ ☐ $= 9$

☐ $= 5$

☐ $= 1$

⑥~⑩

☐ $+ 4$

☐ $+ 1$

☐ $+ 8$ $= 10$

☐ $+ 5$

☐ $+ 9$

⑯~⑳

☐ $= 8$

☐ $= 3$

$10 -$ ☐ $= 4$

☐ $= 2$

☐ $= 6$

● 표준완성시간 : 1~2분

날짜	월	일
시간	분	초
오답 수		/ 27

10의 덧셈과 뺄셈

A형

★ 빈칸에 알맞은 수를 써넣으시오.

① 3 + ☐ = 10

② 9 + ☐ = 10

③ 10 − ☐ = 1

④ ☐ + 8 = 10

⑤ ☐ + 7 = 10

⑥ 10 − ☐ = 5

⑦ 4 + ☐ = 10

⑧ ☐ + 3 = 10

⑨ 10 − ☐ = 9

⑩ 6 + ☐ = 10

⑪ ☐ + 2 = 10

⑫ 10 − ☐ = 4

⑬ 7 + ☐ = 10

⑭ ☐ + 6 = 10

⑮ 10 − ☐ = 3

⑯ 2 + ☐ = 10

⑰ ☐ + 4 = 10

⑱ 10 − ☐ = 7

⑲ 10 − ☐ = 8

⑳ ☐ + 5 = 10

㉑ 10 − ☐ = 2

㉒ 1 + ☐ = 10

㉓ 8 + ☐ = 10

㉔ ☐ + 9 = 10

㉕ ☐ + 1 = 10

㉖ 5 + ☐ = 10

㉗ 10 − ☐ = 6

B형

날짜	월	일
시간	분	초
오답 수	/ 20	

10의 덧셈과 뺄셈

★ 빈칸에 알맞은 수를 써넣으시오.

①~⑤

$1 + \boxed{}$

$5 + \boxed{}$

$8 + \boxed{}$ $= 10$

$4 + \boxed{}$

$9 + \boxed{}$

⑪~⑮

$\boxed{} = 8$

$\boxed{} = 2$

$10 - \boxed{} = 6$

$\boxed{} = 3$

$\boxed{} = 9$

⑥~⑩

$\boxed{} + 6$

$\boxed{} + 5$

$\boxed{} + 2$ $= 10$

$\boxed{} + 7$

$\boxed{} + 3$

⑯~⑳

$\boxed{} = 5$

$\boxed{} = 1$

$10 - \boxed{} = 6$

$\boxed{} = 4$

$\boxed{} = 7$

10의 덧셈과 뺄셈

● 표준완성시간 : 1~2분

날짜	월	일
시간	분	초
오답 수	/ 27	

A형

★ 빈칸에 알맞은 수를 써넣으시오.

① $4 + \boxed{} = 10$

② $9 + \boxed{} = 10$

③ $10 - \boxed{} = 2$

④ $\boxed{} + 8 = 10$

⑤ $\boxed{} + 7 = 10$

⑥ $10 - \boxed{} = 5$

⑦ $3 + \boxed{} = 10$

⑧ $\boxed{} + 1 = 10$

⑨ $10 - \boxed{} = 8$

⑩ $2 + \boxed{} = 10$

⑪ $\boxed{} + 3 = 10$

⑫ $10 - \boxed{} = 6$

⑬ $8 + \boxed{} = 10$

⑭ $\boxed{} + 4 = 10$

⑮ $10 - \boxed{} = 3$

⑯ $6 + \boxed{} = 10$

⑰ $\boxed{} + 9 = 10$

⑱ $10 - \boxed{} = 7$

⑲ $\boxed{} + 5 = 10$

⑳ $10 - \boxed{} = 4$

㉑ $5 + \boxed{} = 10$

㉒ $10 - \boxed{} = 9$

㉓ $\boxed{} + 6 = 10$

㉔ $10 - \boxed{} = 1$

㉕ $\boxed{} + 2 = 10$

㉖ $7 + \boxed{} = 10$

㉗ $1 + \boxed{} = 10$

● 표준완성시간 : 1~2분

날짜	월	일
시간	분	초
오답 수	/ 20	

10의 덧셈과 뺄셈

★ 빈칸에 알맞은 수를 써넣으시오.

①~⑤

$$3 + \boxed{}$$

$$7 + \boxed{}$$

$$1 + \boxed{} \quad = 10$$

$$9 + \boxed{}$$

$$6 + \boxed{}$$

⑪~⑮

$$\boxed{} = 7$$

$$\boxed{} = 2$$

$$10 - \boxed{} = 4$$

$$\boxed{} = 1$$

$$\boxed{} = 5$$

⑥~⑩

$$\boxed{} + 5$$

$$\boxed{} + 6$$

$$\boxed{} + 2 \quad = 10$$

$$\boxed{} + 4$$

$$\boxed{} + 8$$

⑯~⑳

$$\boxed{} = 9$$

$$\boxed{} = 1$$

$$10 - \boxed{} = 3$$

$$\boxed{} = 6$$

$$\boxed{} = 8$$

10의 덧셈과 뺄셈

★ 빈칸에 알맞은 수를 써넣으시오.

① $6 + \boxed{} = 10$

② $3 + \boxed{} = 10$

③ $10 - \boxed{} = 5$

④ $\boxed{} + 1 = 10$

⑤ $\boxed{} + 6 = 10$

⑥ $10 - \boxed{} = 8$

⑦ $7 + \boxed{} = 10$

⑧ $\boxed{} + 5 = 10$

⑨ $10 - \boxed{} = 4$

⑩ $2 + \boxed{} = 10$

⑪ $\boxed{} + 4 = 10$

⑫ $10 - \boxed{} = 1$

⑬ $8 + \boxed{} = 10$

⑭ $\boxed{} + 3 = 10$

⑮ $10 - \boxed{} = 2$

⑯ $4 + \boxed{} = 10$

⑰ $\boxed{} + 9 = 10$

⑱ $10 - \boxed{} = 7$

⑲ $10 - \boxed{} = 6$

⑳ $9 + \boxed{} = 10$

㉑ $10 - \boxed{} = 10$

㉒ $\boxed{} + 8 = 10$

㉓ $5 + \boxed{} = 10$

㉔ $\boxed{} + 2 = 10$

㉕ $\boxed{} + 7 = 10$

㉖ $10 - \boxed{} = 3$

㉗ $0 + \boxed{} = 10$

B 형

10의 덧셈과 뺄셈

★ 빈칸에 알맞은 수를 써넣으시오.

①~⑤

$6 + \boxed{}$

$3 + \boxed{}$

$8 + \boxed{} \quad = 10$

$2 + \boxed{}$

$9 + \boxed{}$

⑪~⑮

$\boxed{} = 0$

$\boxed{} = 9$

$10 - \boxed{} = 2$

$\boxed{} = 5$

$\boxed{} = 8$

⑥~⑩

$\boxed{} + 7$

$\boxed{} + 4$

$\boxed{} + 1 \quad = 10$

$\boxed{} + 10$

$\boxed{} + 5$

⑯~⑳

$\boxed{} = 4$

$\boxed{} = 6$

$10 - \boxed{} = 1$

$\boxed{} = 3$

$\boxed{} = 7$

10의 덧셈과 뺄셈

 A형

★ 빈칸에 알맞은 수를 써넣으시오.

① $9 + \boxed{} = 10$

② $5 + \boxed{} = 10$

③ $10 - \boxed{} = 6$

④ $\boxed{} + 3 = 10$

⑤ $\boxed{} + 4 = 10$

⑥ $10 - \boxed{} = 1$

⑦ $3 + \boxed{} = 10$

⑧ $\boxed{} + 8 = 10$

⑨ $10 - \boxed{} = 7$

⑩ $1 + \boxed{} = 10$

⑪ $\boxed{} + 6 = 10$

⑫ $10 - \boxed{} = 3$

⑬ $8 + \boxed{} = 10$

⑭ $\boxed{} + 1 = 10$

⑮ $10 - \boxed{} = 8$

⑯ $2 + \boxed{} = 10$

⑰ $\boxed{} + 5 = 10$

⑱ $10 - \boxed{} = 4$

⑲ $4 + \boxed{} = 10$

⑳ $10 - \boxed{} = 5$

㉑ $\boxed{} + 7 = 10$

㉒ $10 - \boxed{} = 9$

㉓ $\boxed{} + 9 = 10$

㉔ $10 + \boxed{} = 10$

㉕ $\boxed{} + 2 = 10$

㉖ $7 + \boxed{} = 10$

㉗ $10 - \boxed{} = 0$

10의 덧셈과 뺄셈

★ 빈칸에 알맞은 수를 써넣으시오.

①~⑤

$$4 + \boxed{}$$

$$1 + \boxed{}$$

$$2 + \boxed{} \quad = 10$$

$$5 + \boxed{}$$

$$7 + \boxed{}$$

⑪~⑮

$$\boxed{} = 4$$

$$\boxed{} = 1$$

$$10 - \boxed{} = 8$$

$$\boxed{} = 5$$

$$\boxed{} = 6$$

⑥~⑩

$$\boxed{} + 3$$

$$\boxed{} + 8$$

$$\boxed{} + 0 \quad = 10$$

$$\boxed{} + 6$$

$$\boxed{} + 9$$

⑯~⑳

$$\boxed{} = 9$$

$$\boxed{} = 2$$

$$10 - \boxed{} = 3$$

$$\boxed{} = 10$$

$$\boxed{} = 4$$

종료테스트

20문항 / 표준완성시간 1~2분

실시 방법

❶ 먼저, 이름, 실시 연월일을 씁니다.

❷ 스톱워치를 켜서 시간을 정확히 재면서 문제를 풀고, 문제를 다 푸는 데 걸린 시간을 씁니다.

❸ 가능하면 표준완성시간 내에 풉니다.

❹ 다 풀고 난 후 채점을 하고, 오답 수를 기록합니다.

❺ 마지막 장에 있는 종료테스트 학습능력평가표에 V표시를 하면서 학생의 전반적인 학습 상태를 점검합니다.

이름	
실시 연월일	년　　　　월　　　　일
걸린 시간	분　　　　　　　초
오답 수	/ 20

★ 빈칸에 알맞은 수를 써넣으시오.

①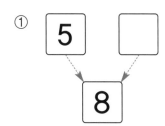

②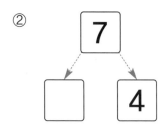

③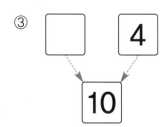

④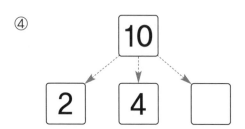

⑤ $5 + \boxed{} = 9$

⑥ $\boxed{} - 1 = 7$

⑦ $\boxed{} + 8 = 10$

⑧ $10 - \boxed{} = 5$

★ 계산을 하시오.

⑨ 4 + 2 =

⑩ 1 + 6 =

⑪ 9 − 8 =

⑫ 5 − 3 =

⑬ 2 + 3 − 5 =

⑭ 7 − 6 + 8 =

⑮ 50 + 4 =

⑯ 6 + 30 =

⑰ 72 + 6 =

⑱ 48 − 5 =

⑲
$$\begin{array}{r} 1\ 4 \\ +\ 5\ 3 \\ \hline \end{array}$$

⑳
$$\begin{array}{r} 8\ 6 \\ -\ 3\ 4 \\ \hline \end{array}$$

≫ 1권 종료테스트 정답

① 3	② 3	③ 6	④ 4	⑤ 4
⑥ 8	⑦ 2	⑧ 5	⑨ 6	⑩ 7
⑪ 1	⑫ 2	⑬ 0	⑭ 9	⑮ 54
⑯ 36	⑰ 78	⑱ 43	⑲ 67	⑳ 52

≫ 종료테스트 학습능력평가표

1권은?

학습 방법	☐ 매일매일	☐ 가끔	☐ 한꺼번에	-하였습니다.
학습 태도	☐ 스스로 잘	☐ 시켜서 억지로		-하였습니다.
학습 흥미	☐ 재미있게	☐ 싫증내며		-하였습니다.
교재 내용	☐ 적합하다고	☐ 어렵다고	☐ 쉽다고	-하였습니다.

평가 기준	평가	☐ A등급(매우 잘함)	☐ B등급(잘함)	☐ C등급(보통)	☐ D등급(부족함)
	오답 수	0~2	3~4	5~6	7~

• A, B등급 : 다음 교재를 바로 시작하세요.
• C등급 : 틀린 부분을 다시 한번 더 공부한 후, 다음 교재를 시작하세요.
• D등급 : 본 교재를 다시 복습한 후, 다음 교재를 시작하세요.